孩子安全无小事：爸爸妈妈一定要告诉孩子的安全知识

居家安全

"孩子安全无小事

居家安全

无小事

爸爸妈妈一定要告诉孩子的安全知识

于川◎编著

民主与建设出版社
·北京·

图书在版编目（CIP）数据

孩子安全无小事：爸爸妈妈一定要告诉孩子的安全
知识：全 5 册 . 1，居家安全 / 于川编著 . --北京：民
主与建设出版社，2022.7

ISBN 978-7-5139-3857-0

Ⅰ . ①孩… Ⅱ . ①于… Ⅲ . ①安全教育儿童读物
Ⅳ . ① X956-49

中国版本图书馆 CIP 数据核字（2022）第 106623 号

孩子安全无小事：爸爸妈妈一定要告诉孩子的安全知识
HAIZI ANQUAN WU XIAOSHI BABA MAMA YIDING YAO GAOSU
HAIZI DE ANQUAN ZHISHI

责任编辑	王颂　郝平
封面设计	阳春白雪
出版发行	民主与建设出版社有限责任公司
电　　话	（010）59417747　59419778
社　　址	北京市海淀区西三环中路 10 号望海楼 E 座 7 层
邮　　编	100142
印　　刷	唐山楠萍印务有限公司
版　　次	2022 年 7 月第 1 版
印　　次	2022 年 7 月第 1 次印刷
开　　本	880 毫米 ×1230 毫米　　1/32
印　　张	5
字　　数	40 千字
书　　号	ISBN 978-7-5139-3857-0
定　　价	198.00 元（全 5 册）

注：如有印、装质量问题，请与出版社联系。

前　言

　　孩子的日常安全，是一个永恒的话题。平日里，我们经常听到或看到一些孩子遭遇意外的事情，如溺水、触电、交通事故、校园暴力、网络伤害等。这些意外让我们痛心，也值得我们反思，究竟怎样才能保护好我们的孩子呢？

　　孩子是爸爸妈妈的希望，也是一个家庭的希望。如何提高孩子安全意识，如何让他们远离危险，如何让他们有效应对突发状况，值得每一个父母思考和重视。为全面呈现最常见的安全问题，我们分类别、分场地将安全知识进行梳理归纳，精心编排了《孩子安全无小事：爸爸妈妈一定要告诉孩子的安全知识》这套书。全书共包括《居家安全》《校园安全》《交际安全》《户外安全》和《网络安全》五册，是父母陪同孩子有效学习安全知识、防范意外的实用读本。

　　书中讲解了各类安全知识，涉及面很广，贴近现实生活。在语言方面也尽可能做到浅显易懂，而且每篇都有典型事例，适合家长陪着孩子一起阅读。除此之外，版块设置有"危险早知道""爸爸妈妈说""正确的做法"和"安全小贴士"等，可以让父母和孩子共同了解最常见的危险，学习预防和应对方法，为大小读者呈现满满的干货。

在编写中，可能存在兼顾不到的内容，或者具体安全知识不够深入等问题。在此，诚恳地希望读者在阅读时，能多些理解或提出更多更好的建议。众人拾柴火焰高，有了大家的积极参与，才会让这套书更加完善，也能给予孩子更多、更好的安全防护。

希望在家长的陪读下，孩子能通过学习本书，自觉形成安全意识，提高自我保护意识，在安全的环境中健康快乐地成长。

目　录

安全常识篇

宠物安全篇

电器安全篇

意外防范篇

安全常识篇

ANQUAN CHANGSHI PIAN

塑料袋套头上易窒息

周六早上，妈妈正在厨房做饭，小丁和妹妹在卧室里玩耍。

在玩一个塑料袋时，小丁一边将塑料袋套在头上，打上了结，一边和妹妹说："如果在放学的路上遇到下雨，戴上这个'帽子'，雨就不会淋湿头发了。"听哥哥这样说，妹妹有些着急地说："哥哥，快让我也试戴一下吧……"

正好这时，妈妈走进来看到这一幕。她立即将小丁头上的塑料袋撕破，并严厉地说："怎么可以这样玩？这太危险了,知不知道？"在妈妈说出这样玩的危险后，小丁和妹妹都认识到了错误。

危险早知道 ⚠

⊙如果将不透明的塑料袋套在头上，会严重遮挡视线，极易发生跌倒、碰撞等意外。

⊙拿装过东西的塑料袋玩，还存在感染病菌的可能，会增加患病的风险。

⊙塑料袋是不透气的，长时间把塑料袋套在头上，容易缺氧，甚至出现窒息的危险情况。

爸爸妈妈说

◆如果塑料袋的质量低劣，危害会更为严重哦!

◆塑料袋易燃烧，如果碰到火源，后果不可想象。

◆曾因塑料袋套头引发了多起悲剧，此类的新闻事件也多有报道，这绝不是危言耸听!

正确的做法 ✓

★ 一些塑料袋在制作过程中会根据用途加入添加剂等，具有一定的毒性，长时间接触会影响身体健康。因此，平时不可玩塑料袋。

★ 在户外，下雨时，当看到小伙伴头套塑料袋，或者头上套着塑料袋迎风跑，你一定要及时阻止并告诉他们这样做的危险性。

安全小贴士

塑料袋套头玩，远比我们想象的更危险，千万别大意！

躲进洗衣机桶里危险多

　　五岁的小女孩小萌，和比她大三岁的姐姐在家里玩捉迷藏，你藏我找，玩得很开心。轮到小萌藏身了，她想：怎么才能让姐姐找不到自己呢？机灵的小萌把家里整个环视了一遍，突然找到了一个"好地方"——洗衣机。洗衣机里面刚好有个桶，大小和小萌的身体差不多，她觉得躲在那儿，姐姐就找不到自己啦。

　　想到这儿，小萌快速地钻到洗衣机桶里。没想到，身子刚一进去，情况就不对头了，小萌发现自己整个人卡在里面动也动不了，怎么也爬不出来。由于惊吓和恐慌，小萌在洗衣机里号啕大哭。

　　听到小萌的哭声，爸爸妈妈连忙跑过来，这才发现小萌被卡在洗衣机桶里了。

危险早知道 ⚠

⊙钻进洗衣机桶躲藏，很可能出现被卡住不能脱身的情况。

⊙一旦洗衣机启动，容易被洗衣机夹住手臂或手指。

⊙洗衣机从内部合上盖后，长时间在里面会窒息甚至死亡。

爸爸妈妈说

◆在洗衣机里躲藏，一旦发生意外情况，又得不到别人及时救助，后果将是严重的。

◆洗衣机里通常存在污物、细菌，这对身体健康可是一种威胁哦。

正确的做法 ✓

★要多了解进入洗衣机桶的危害，禁止躲藏其中。

★洗衣机高速转动时，不能打开机盖。

安全小贴士

玩捉迷藏，不管想要怎么藏身，寻找的位置一定要是一个安全的场所。

往鼻孔塞东西难呼吸

晓峰今年三岁，很活泼，也比较淘气。一天，爸爸买了一袋豆类食品，吃了几颗后，因为中途有事要出去，就将这包吃的放在了桌子上。

晓峰自己在客厅玩，一时好奇，竟然将豆子塞进了鼻孔，可是无论怎么弄，豆子都出不来了。不一会儿，晓峰感到了胀满感，呼吸开始困难起来，一时急得大哭。

妈妈从厨房出来，得知晓峰将豆子塞进了鼻孔，很是着急。妈妈使用了很多方法，也没能将豆子取出。看着哭得涨红了脸的儿子，妈妈赶紧将他送到医院，最终顺利地将豆子取了出来。

危险早知道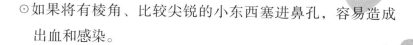

⊙ 如果将有棱角、比较尖锐的小东西塞进鼻孔，容易造成出血和感染。

⊙ 往鼻子里塞东西会造成呼吸困难，甚至有引起窒息的危险。

爸爸妈妈说

◆ 鼻子、耳朵都有自己的功能，它们不喜欢有东西进去打扰它们。

◆ 一旦鼻子或者耳朵里的异物取不出，不要硬掏，这样会加重危险。

正确的做法 ✓

★严禁将小东西塞进耳朵或者鼻孔，不要因好奇心而酿隐患。

★如果有异物擤不出，不能隐瞒，需要马上告诉爸爸妈妈，及时就医。

安全小贴士
进入鼻孔的异物，如果肉眼能看到，可以小心取出；如果看不到，或者比较深，一定要及时就医，不然会造成二次伤害。

玩剪刀，一不小心就会受伤

　　小明六岁，弟弟四岁，他俩正处于好动的年龄。一天，兄弟俩吵着要做手工，妈妈虽觉得有危险但还是拿来了剪刀和手工纸。两个孩子兴致勃勃地又剪又裁。

　　之后，妈妈去洗衣服。兄弟俩凑在一起玩，结果小明的剪刀一不小心戳到了弟弟的手，顿时鲜血直流，两个孩子都被吓得哇哇大哭。妈妈闻声赶来，也被吓了一跳，赶紧给弟弟清理伤口并包扎。

危险早知道 ⚠

⊙剪刀锋利，使用不当，特别容易受伤。

⊙剪刀不对着别人，万一伤到别人就麻烦了！

爸爸妈妈说

◆避免拿剪刀打闹玩耍，特别是大人用的尖头剪刀。

◆在大人的看护下，可以使用儿童专用剪刀。

正确的做法 ✓

★手工课上，在使用剪刀的时候，必须集中精神，多加小心。

★如果有小伙伴拿锋利的剪刀玩耍，一定要及时劝阻。

安全小贴士

使用剪刀时，要把剪刀的尖头朝前，从身体这一侧开始向前方剪，千万别横着剪，以防剪到另外一只手或扎到身体其他部位。

玩打火机易引发火灾

近期，某地发生了一起火灾，造成了极其严重的后果。

当天，孩子的父母因突发事件外出了，家中只有两个幼童独自玩耍。却不想家中发生意外，两个孩子因为玩打火机而引发了火灾。

火灾发生时，因为家中没有大人，两个年幼无知的孩子没有任何灭火和逃脱能力。随着火势蔓延，再加上他们家属于那种旧式民居，大火很快吞噬了两条幼小的生命。当浓烟冒出家中、邻居发现时，一切都已经晚了。

危险早知道 ⚠️

⊙打火机本来就是危险物品，使用不当，很容易引发火灾。

⊙千万不要摔砸打火机，会发生爆炸，导致人员受伤。

⊙如果不小心点燃了可燃物，情况会更危险，甚至还会危及生命！

爸爸妈妈说

◆小孩玩打火机危害大，不仅容易引发火灾，还极易对人造成伤害！

◆看似一个很小的东西，却能带来不可挽回的后果。

正确的做法 ✓

★打火机不是玩具，任何时候都不能随便玩，一不小心就会"引火烧身"！

★如果发现有小伙伴玩打火机，应该立即告知他这样做的危害。

安全小贴士

打火机的外壳很脆，内装的液体遇热或剧烈撞击会发生急剧膨胀，使壳内压力陡然升高，超过一定限度就会爆炸。

远离易燃易爆的瓶子

七岁的小林逛超市回家后，看着茶几上的花露水，便想学着电视节目里的场景，做一个燃烧试验。

小林打开花露水瓶盖后，用打火机点燃手工纸，然后将点燃的手工纸靠近瓶口，只听砰的一声，小林还没来得及闪开，花露水瓶便爆开了。火焰瞬间喷到了他的面部和胸部。

正在卧室的爸爸，听到响声立即跑了出来。看到受伤的小林，爸爸赶紧将儿子送往医院。

危险早知道

⊙ 大多数人知道花露水能防蚊虫叮咬，却不知道花露水其实是一种易燃易爆物。

⊙ 易燃易爆品的瓶子，玩的时候发生摩擦或撞击，容易发生爆炸。

⊙ 被炸飞的瓶子或瓶子碎片容易使人受伤！

爸爸妈妈说

◆ 气雾杀虫剂、蚊香液、空气清新剂、涂改液、花露水等，如果靠近火源都是很危险的。

◆ 切勿为了好玩，让悲剧发生，安全的做法是不去接触这些。

正确的做法 ⊘

★花露水等易燃易爆物品，要远离火源，切勿因好奇心而做燃烧实验。

★即使一些易燃易爆气体、液体瓶是空的，最好也不玩，因为如果有残留液体，也是有安全隐患的。比如，碰了残留液体的手，再摸口眼等，容易造成一定伤害。

安全小贴士

在厨房煤气炉灶旁边玩易燃易爆的瓶瓶罐罐，对人身安全是极大的威胁。

拉扯桌布不安全

一位妈妈拨通 120 急救电话，说孩子被汤羹烫伤了。原来，妈妈刚做好西红柿鸡蛋汤放到餐桌上，就去厨房做别的菜了。五岁的乐乐来到厨房，催妈妈快点儿做饭，说他吃过饭还要和小伙伴们玩轮滑。妈妈一边答应着，一边忙活着。

不一会儿，随着一声响，乐乐发出啊的一声哭嚷。妈妈急转身看去，只见鸡蛋汤锅掉到了地上，乐乐的胳膊和腿都被烫着了，他疼得直跺脚。后来听妈妈说，平时餐桌上铺着桌布，那天乐乐扯了一下桌布，汤锅就滑下来并烫伤了他。

经医生检查，乐乐全身有 20% 被烫伤，尤其是右手臂烫伤达浅二度。看着孩子伤痛的样子，妈妈心疼不已。

危险早知道 ⚠

⊙在餐桌下玩耍，极易发生被桌上掉落物品砸伤和烫伤的情况。

⊙拉扯桌布，更容易造成不可逆的永久性伤害。

爸爸妈妈说

◆如果餐桌上有热饭热菜，千万别拉扯桌布，容易引发烫伤事故。

◆桌布不是玩具，为安全考虑，不随便拉扯就对了。

正确的做法 ✓

★不在餐桌周围玩耍，尤其是在餐馆等公共场所就餐的时候，安全意识更是一点儿也放松不得。

★小孩子够不着桌上物品时，可以请大人帮助。

安全小贴士

餐桌、茶几、电视机柜等上面，最好不铺边缘垂下的桌布，以防孩子扯下烫的或重的物品，造成意外伤害。

别被热水烫伤

一天,两岁多的男孩圆圆和外婆在家玩。这时手机铃响,外婆去接手机,没有大人在旁边,圆圆好奇地走到放热水瓶的地方。他伸手去抓热水瓶,刚刚一碰,热水瓶就失去平衡,啪的一声掉了下来。圆圆一害怕,也失去重心跌倒在地,整个人刚好趴在热水上,开水的高温让他本能地站起来,但他没有站稳,又一屁股坐在热水上。此时,圆圆的前胸、臀部都被烫伤,剧烈的疼痛让他大哭不止。

外婆吓呆了,边哭边赶紧打急救电话送孩子去医院抢救。圆圆幼小的身躯几乎被纱布完全包裹,只有头部、手和脚露在外面。由于疼痛,圆圆不时发出撕心裂肺的哭喊声。

危险早知道 ⚠

⊙热水瓶爆炸，会让孩子受到惊吓。

⊙不小心碰倒热水瓶，容易被内胆碎片扎伤划伤，或者被
　烫伤。

⊙热水瓶内胆忽然脱落或炸裂，也有烫伤危险。

爸爸妈妈说

◆热水瓶爆炸的事情时有发生，酿成的惨剧也不少，别掉
　以轻心哦。

◆如果烫伤严重，一定要及时去医院治疗，用牙膏或者酱
　油涂抹的方法不可靠。

正确的做法 ✅

★ 小孩子要远离热水瓶，要倒水可以让家人帮忙。

★ 水太烫的话，不要着急喝。

★ 如果不慎被严重烫伤，在不明烫伤程度的情况下，不要
  轻易脱掉衣物，以防被烫部位遭到二次伤害，应立即送
  医院。

安全小贴士

刚刚放过热水的热水瓶内，不能放冰棒等低温的东西，以防瓶胆炸裂。

玩充电线易触电

两岁的南南，在家咬插着电源的手机充电线玩耍，谁知他竟咬破了电线，嘴唇被烧伤，幸亏在医院烧伤科门诊得到了及时医治。

据悉，当晚爸爸正给手机充电，南南趴在床上玩，位置在紧靠插销处。看到插销处红灯闪烁，南南很好奇地爬了过去，他用手拽住电线张嘴就咬，此时爸爸却丝毫没有发现。南南越咬越来劲儿，紧接着一声惨叫，被电流烧伤了嘴唇。

看到被灼伤的南南，爸爸立即抱起他赶往医院烧伤科门诊，经医生检查，南南被诊断为嘴唇三度电烧伤。

危险早知道

⊙手机充电器是带电的，一旦触摸可能被灼伤。

⊙如果是劣质充电器，使用不当很可能引发电击、火灾等。

爸爸妈妈说

◆手上沾水后，别去触碰充电中的手机充电器，若触碰，则必须保持手部干燥。

◆手机充电器工作时，禁止扯咬充电线，以防被灼伤！

正确的做法 ✅

★不拿家长正在充电的手机当玩具。

★手机或其他设备充完电，记得把电源插头拔下。

★千万别把充电器触头往嘴里放。

安全小贴士

长期将充电器插在插座上，易造成充电器加速老化，容易形成短路的情况，存在安全隐患。

电风扇转动时会"咬"人

四岁的乐乐，不慎被电风扇绞伤了手。原来，爸爸妈妈上班不在家，乐乐和几个小朋友在家里玩。因为天热，爷爷便把桌上的电风扇打开了，谁知却铸成大错。乐乐因为不小心，竟然把左手伸进了正在运转的电风扇中，结果造成大拇指骨折，食指、中指、无名指三根手指断离。所幸的是，经过紧急手术之后，乐乐目前已平安渡过再植手术后的关键期。

危险早知道 ⚠

⊙虽然电风扇上一般都有保护罩，但是小孩子的手指很细，还是可以伸进去的。

⊙电风扇扇叶正常工作的时候，是有危险性的。

⊙一旦出现意外，必须及时去医院。

⊙如果错误使用电风扇，也会造成各种危险。

爸爸妈妈说

◆千万不要把手和其他东西伸进电风扇里！

◆即使开最小挡，电风扇的扇叶转得也很快，所以要远离不必要的危险。

◆除了关掉电风扇，随意阻止电风扇转动都是错误的行为。

◆面对电风扇吹风时，不宜离得太近，吹的时间过长容易着凉。

正确的做法 ✓

★ 避免乱摸乱碰转动着的电风扇。

★ 如果是没有网罩的电风扇，在它转动时，更要注意保持
　距离。

安全小贴士

电风扇使用中如果出现
焦煳味，应该马上切断电源、
送修，以免出现更大的故障。

掉进澡盆酿惨祸

妈妈准备给小刚洗澡，于是把澡盆拖出来，倒入了半盆刚烧好的开水，然后去舀凉水。当时屋里只有小刚一人。好动的小刚在追宠物猫时，不小心撞在桌子上，往后退了几步，正好踩在地面洒水处，一下跌倒在澡盆里。小刚瞬间感受到了剧烈的疼痛，并号啕大哭起来。

妈妈见状，赶紧把小刚从澡盆里抱出来，送去医院。医生对小刚进行了紧急处理。经诊断，小刚的烫伤面积达75%，属特重度烫伤。经抢救，小刚情况有所好转，但仍处于感染期，高烧不退，稍有不慎就会引起败血症。

居家安全

危险早知道 ⚠

⊙地面沾水后会变得很滑，稍不留心，就会摔倒。尤其是旁边有放有热水的澡盆时，一定不要在其周围玩耍。

⊙在浴室中洗澡的时间过长，很容易造成缺氧、头晕。

⊙一个人到浴室洗澡，又把浴室的门反锁起来，危险可能随时会发生。

爸爸妈妈说

◆小孩因为个子小，进入浴缸后要小心，有时滑入水中，手又抓不到合适的地方，很容易被水呛到。

◆淋浴调节按钮不能随便玩，不小心转到最热的那边会被瞬间烫伤。

正确的做法 ⊘

★准备洗澡水时，正确的做法是先放冷水，再加入热水进行调节。

★洗澡水不宜太热，皮肤接触热水时间过长，也会导致烫伤。

★如果大人不在家，小孩子不能随意打开热水器。

安全小贴士

如果家里有浴缸，要先打开冷水龙头，再加热水，在进入前一定要试试水温，避免意外烫伤。

攀柜子易遭砸压

源源在幼儿园自行取碗具，由于个子比较矮，他踮起一只脚，另一只脚踏上了没有固定在墙上的柜子抽屉上，小手也扒在柜子上。可还没取到碗，柜子就整个倒了下来，把源源压在了下面。当老师们赶来将柜子扶起时，源源额头已经出血，最终在医院缝了三针。

当天，幼儿园负责人对源源家长称孩子额头是被勺子轻轻划到的。可是接下来的几天，源源出现走路不稳、神情呆滞的症状。家长很疑惑，查看了幼儿园的监控才知实情。去医院检查，显示源源额部头皮血肿，颅内未见明显异常。但医生表示，无法确认是否会有后遗症。

危险早知道 ⚠

⊙不稳固的柜子、桌子等，攀踩它们有很大危险。

◎柜子瞬间倾倒，砸在身上，必须紧急送医。

爸爸妈妈说

◆站在抽屉上，柜子很容易倾倒，如果柜子很重，可能会对孩子造成严重伤害。

◆孩子天性好动，喜欢攀爬，但悲剧往往发生在一瞬间，不要让孩子攀爬不固定的柜子。

正确的做法 ✓

★不随便攀爬柜子。

★不玩来回拉抽屉的游戏，以免被夹伤。

★不在柜子旁边疯跑，以免拉扯到柜子发生意外。

安全小贴士

柜子的抽屉应尽量装好抽屉锁，这样可以避免孩子胡乱打开攀爬，也能避免其被抽屉夹伤。

爬窗台是件惊险事

嘟嘟一个人坐在地板上玩小汽车。忽然，他听见窗户外响起了汽车喇叭声。嘟嘟很想看，可是家里的窗台很高，他看不到。于是，他搬来了小凳子，踩着小凳子爬到了窗台上。呀！好高！但是上去容易下来难，嘟嘟想下来时却怎么也下不来了，一时急得哇哇大哭。

妈妈听到哭声，丢下手里的活儿赶忙跑过来，将嘟嘟从窗台上抱了下来。妈妈说："这样太危险了，幸亏关着窗户，要不然你很容易掉下去的！"

嘟嘟也害怕了，他紧紧地抓着妈妈的衣服说："妈妈，以后我再也不上去了。"

危险早知道 ⚠

⊙在装有护栏的窗台上玩耍，存在被护栏卡住的风险。

⊙如果没有安装防护栏，当身体探出窗台、阳台外，一旦重心外移，就会有坠楼的危险。

爸爸妈妈说

◆做一个讲文明的孩子，杜绝往窗台外扔东西。

◆攀爬阳台十分危险，一旦出现问题就是大事。

正确的做法 ✓

★如果晾晒的衣服被吹到了阳台外面，应该请大人来帮忙。

安全小贴士

站在阳台上向外眺望，
或与楼下的小伙伴打招呼时，
应避免身体过多地探出阳台，
以免失去平衡，发生意外。

蒙头睡觉易缺氧

"笑笑，起床了！"笑笑妈推开房门，看到眼前的一幕，不禁叹了口气——笑笑又是蒙着头睡觉。妈妈已经无数次劝说过他了："蒙头睡觉容易缺氧，以后会不如别的小朋友聪明。"虽然妈妈这样说，但笑笑对此不以为然。

一直以来，无论妈妈怎么劝说，笑笑都是老样子，依然蒙着头睡觉，这让妈妈很伤脑筋。

危险早知道 ⚠

⊙长期蒙头睡觉，会影响身体健康。

⊙蒙头睡觉，呼出的有害物质不能及时散出去，可能会导致慢性呼吸疾病。

⊙蒙头睡觉，被窝内容易处于闷热状态，早上打开被子时，脸部会一下子受凉。

⊙蒙头睡觉，氧气不足，很容易导致昏迷窒息。

爸爸妈妈说

◆总喜欢蒙着头睡觉，这是一种不好的生活习惯。

◆如果没有新鲜氧气，就会影响睡眠，危害身体健康。

正确的做法 ✓

★不蒙头睡觉，这样的睡眠质量才会好。

★杜绝玩蒙面游戏，避免意外事故发生！

安全小贴士

经常蒙头睡觉，时间长了会使思维迟钝，反应变慢，因此一定要改掉蒙头睡的坏习惯。

离家出走危险多

六岁的小女孩菲菲，特别喜欢玩水晶泥，好几次让爸爸妈妈买，他们都没有买。不仅如此，爸爸妈妈还给她布置了很多的学习任务，菲菲学啊学，发现总是有做不完的作业。如果完成不好，爸爸妈妈回来之后，还会批评她。想到这些，菲菲觉得特别委屈，就拿着自己的零花钱，往书包里装了一些日用品和吃的，赌气离开了家。

所幸的是，菲菲并没有被坏人盯上，她的父母报了警。警察通过询问、调监控等方式，最终找到了她。

危险早知道 ⚠️

⊙一声不吭就离家出走，父母会非常焦虑、恐慌，甚至不得不报警求助。

⊙一个人独自在外，会遇到各种困难和危险，极易发生意外。

⊙在离家出走的过程中，有可能遇到好心人帮忙，也可能让一些心怀不轨的人有机可乘。

爸爸妈妈说 🌸

◆小孩子还没有独自面对社会的能力，拐卖或者伤害儿童的事件还是经常会发生。

◆外面的世界不一定自由自在，如果遇到坏人，受了伤害，最难过的还是爸爸妈妈、爷爷奶奶等亲人。

◆家里才是温暖又安全的。

◆离家出走是不能解决任何问题的，反而会让问题变得更复杂。

正确的做法 ✅

★不愉快的时候，要坦诚，和爸爸妈妈说出你的心里话。

★在日常生活中，要努力克服自身的娇气、任性，学会感恩父母，勇敢担当责任。

安全小贴士

很多儿童受到伤害的事件，正是钻了这种小孩独自出门或者独自在家的空子。

饮食安全篇

YINSHI ANQUAN PIAN

过期食品有危害

晚上吃完饭，飞飞和妈妈一起来到小区广场散步。飞飞和小伙伴们玩得正开心的时候，突然捂着肚子，蹲在地上说："妈妈，我肚子疼。"飞飞脸色煞白，还想吐，妈妈急坏了，赶紧抱起飞飞，拦了辆出租车直奔医院。医生问了些问题，给飞飞检查后，确定飞飞是吃坏东西引起的食物中毒。

原来，飞飞贪图便宜，今天从学校门口的小卖部里买了一包特价的过期零食，晚饭后，他悄悄地偷吃了几口，然后引起了肚子疼。从医院出来后，飞飞哭着和妈妈说："我再也不吃过期的东西了。"

危险早知道 ⚠

⊙吃了过期食品，可能会拉肚子，严重时需要送医救治。

⊙过期食品很容易滋生细菌，引起食物中毒。

爸爸妈妈说

◆吃过期食品，可不叫节约，这是一个坏习惯！

◆最好不在小食摊、小卖部随便买特价处理的零食吃，没有安全保障。

◆吃过期食品也许不会马上产生症状，但是有害物质在身体里长期积累，可能会在某一日"爆发"，酿成大祸。

正确的做法 ✓

★购买食品时，包装上的生产日期和保质期，一定要留意。

★食品一旦过期，除了自己坚决不吃，还要劝别人不吃。

安全小贴士

食用过期食品没发病，不代表没有危害，在饮食上绝不能大意。

蔬果吃前洗干净

　　星期天，美梓和小伙伴们去樱桃园采摘，美梓看到树上有一颗很漂亮的樱桃，就开心地把樱桃摘下来，对小红说："我刚摘的樱桃，你想吃吗？"小红说："刚摘下来的樱桃还没有洗，不能吃的。"美梓说："看！多干净啊，怎么不能吃。"

　　美梓正要把樱桃放进嘴里，明奇看到了，和小红一起劝美梓说："没洗就吃，会肚子疼的。"美梓也没有听明奇的话，一口吃下了樱桃，之后又吃了不少。吃完樱桃后，美梓依然和小伙伴们继续摘樱桃，可是摘着摘着，肚子突然疼了起来。

危险早知道 ⚠

⊙水果、蔬菜等不清洗干净，吃了可能会拉肚子。

⊙未经清洗的蔬果，最好不要食用。

⊙有些很好看的水果，可能用了激素，不清洗就吃，不利于健康。

爸爸妈妈说

◆水果、蔬菜表面上难免会残留一些农药、重金属，或者有细菌，不洗干净就吃，容易让人生病。

◆再好的水果，也要适度吃，吃太多容易消化不良。

正确的做法 ✓

★吃水果、蔬菜前，一定要多清洗几遍。

★有些水果、蔬菜上的残留物，用清水不易冲洗掉，清洗时可以加盐浸泡一下，或使用专门的清洗剂。

安全小贴士

通常来说，农药残留往往都是在蔬菜、水果表皮上，能去皮的最好去皮后再吃。

生冷食物不多吃

云丽是个嘴壮的孩子，胃口很好。可是妈妈发现她最近食欲下降了，什么都只吃一点点。妈妈有些纳闷："这是怎么回事呢？是不是她常吃冰激凌，影响了胃口？"

原来，妈妈平时上班忙，就买了一箱冰激凌放在家里，并和奶奶说，云丽做完作业，可以奖励她吃一个冰激凌，但一天只能吃一个。第一天、第二天，云丽表现很乖，每天都只吃一个冰激凌，可是到了第三天，云丽觉得一天吃一个冰激凌不过瘾。于是，她趁奶奶做饭时，自己打开冰箱偷着吃，每天都吃四五个冰激凌，以至于饭都吃得很少，也越来越瘦了。

危险早知道

⊙过量吃生冷食物，很容易导致消化不良。

⊙经常吃生冷食物，会降低食欲，厌食、挑食会增加缺乏营养的风险。

⊙一些雪糕冷饮中加了香精、颜料，糖分又高，吃多了容易引起肥胖。

爸爸妈妈说

◆寒凉食物吃多了会生病，小孩子可以吃，但不宜贪吃！

◆如果吃了不卫生的生冷食物，会肚子痛、拉肚子。

正确的做法 ✓

★刚从冰箱里拿出的生冷食物，最好在常温下放置一会儿再吃。

★出汗时不随便吃冷饮，最好等落汗后再吃。

安全小贴士

吃生冷食物时，切忌狼吞虎咽，以免减弱胃肠道的消化功能和杀菌能力，从而诱发胃肠道疾病。

吃太烫的饭菜隐患多

周六下午，李明和小伙伴们踢完足球，赶紧回家吃饭。因为踢球耗费了太多体力，李明感觉很饿，奶奶刚把煮好的虾仁蔬菜粥端上桌，李明就说："太饿了，用大碗盛，我要马上吃完！"奶奶盛完粥，叮嘱说："刚煮好，太烫了，这一大碗粥等凉凉再喝，先吃个豆沙包。"

还没等奶奶说完，李明就吃了起来，热粥进嘴的一瞬间，就被李明吐了出来："嗬！还真烫呢。"奶奶急忙端来一杯凉水，递到李明手里，生气地说："不听老人言，吃亏在眼前。"

危险早知道 ⚠

⊙因为太饿，把滚烫的食物直接往嘴里送，可能会把舌头、嘴巴烫伤。

⊙长时间吃过烫的饭菜，胃、食道很容易生大病。

爸爸妈妈说

◆食物趁热吃，并不是个好习惯。经常这样，容易导致味觉失灵。

◆吃饭过快也不好，容易伤胃，引起消化不良，这是对自己的身体健康不负责任，一定要重视！

正确的做法 ✓

★食物上桌后，别着急吃，最好等温度降一降再吃，这时候吃起来更容易入口。

★如果实在太饿，可以先吃一些不烫的食物垫一下。

安全小贴士

其实吃东西只要食物温度适中，不过冷或者过烫，就应该不会出现肠胃不舒服、拉肚子等症状。

食品干燥剂，孩子须远离

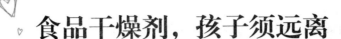

　　三岁的赫赫,对什么都充满好奇。在家里,他可是一个"捣乱分子",经常把家里放好的物品掏出来。

　　前段时间,妈妈给赫赫打开饼干袋后,随手将里面的干燥剂扔进了垃圾桶,还告诉赫赫千万别碰。可是不一会儿,赫赫就把干燥剂从垃圾桶里翻出来了,撕开后,还将干燥剂往嘴里送。

　　妈妈看到后,赶紧用手抠出赫赫嘴里还没咽下的干燥剂,同时为他进行催吐。见他嘴里没有干燥剂后,妈妈又带着赫赫去了医院。医生检查后,确定赫赫并无大碍。

危险早知道 ⚠

⊙生石灰制成的干燥剂，如果吃到嘴里，抑或吞进肚子里，很可能会灼伤口腔和食道。

⊙一旦吃了干燥剂发生中毒，将痛苦万分。

⊙干燥剂遇水，如果发生爆炸，容易危及人身安全。

爸爸妈妈说

◆干燥剂出现在零食袋中，其作用是保证食品的干燥，防止霉菌的生长，可不是特别的零食。

◆小小一包干燥剂，其实也很危险。干燥剂是儿童最容易误食的"毒物"，对其可不能大意。

正确的做法 ✓

★食品开封后，要注意分辨食物与干燥剂，干燥剂袋上的警示语也要留意。

★不管哪一种干燥剂，都别拆开，直接扔掉。

安全小贴士

食品包装袋中的干燥剂，大多是氧化钙，如果不小心吃了这种干燥剂，应立即去医院，以防有其他不适症状出现。

切忌把药当糖吃

小女孩彤彤，今年五岁。幼儿园放假后，爸爸妈妈忙着上班，就把彤彤放在了姥姥家。

彤彤的姥姥刚想吃药，却发现放在茶几上的降压药不见了。姥姥来到卧室，只见彤彤手上拿着药瓶，药丸撒了一地，嘴里正咂吧咂吧嚼着，一副津津有味的样子。

姥姥赶紧喊来邻居帮忙，为彤彤紧急催吐后，将其送往医院。医生了解情况后，立刻给孩子进行处理。万幸的是，因为发现及时，并第一时间采取了催吐、送医急救等正确方式，彤彤并无大碍。

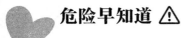

危险早知道 ⚠

⊙将大人吃的药物当成"糖豆"吃，可能会出现药物中毒，
还可能导致说话、吞咽及呼吸困难，甚至窒息。

⊙药丸卡喉，也会造成不可挽回的后果。

⊙如果吃了灭蟑药、灭鼠药、农药等有毒的药物，那就更
致命了！

爸爸妈妈说

◆药可不是糖，是药三分毒，年年都有儿童误食药物而出
现危及生命的新闻，小朋友乱吃药会出事的。

◆什么能吃、什么不能吃，要分清。遇到不确定的东西，
一定要先问大人，切勿随便入口。

正确的做法

★不乱翻家里的药箱玩。

★千万别模仿大人吃药。

★指导小伙伴乱吃药，要不得！

安全小贴士

如果误服的药量不多、毒性不大，并得到了及时处理，一般不会有大碍。但如果误服大量药物，而得不到及时救治，就可能危及生命。

勿饮不明液体

一天，妈妈到厨房洗菜，四岁的倩倩在客厅玩耍。趁大人不注意，倩倩将妈妈装在饮料瓶里的衣服清洁剂误当成饮料喝下，当即脸色发青，呕吐不止。

妈妈发现倩倩的呕吐物里有洗衣液味，嘴里还留有泡沫，再一看自己分装的洗衣液被扔在了地上，且瓶口已经打开。妈妈马上意识到情况不妙，赶紧拍倩倩的背部，让她将喝下去的部分液体吐了出来，随后开车将倩倩送到离家最近的医院抢救。

经检查，倩倩肺部有出血现象，肾脏也受到了损伤，只能住院观察。

危险早知道 ⚠

⊙把不明液体当作饮料喝进肚子，轻则损伤呼吸道和肠胃等，严重的话，有中毒死亡的危险。

爸爸妈妈说

◆有时候皮肤接触了洗涤剂，都可能会过敏。一旦喝下去，危害就更大了。

◆"请勿让儿童接触""危险"等警示字样，需处处留心。

正确的做法 ✅

★虽然洗涤剂是生活中不可避免要接触的用品，但坚决不能用嘴巴触碰。

★在爸爸妈妈的帮助下，可以认识一下家中的洗涤用品及使用方法，避免乱用。

★在外面玩，碰到不明来源的液体，一定要与之保持距离。

安全小贴士

如果误服有害不明液体，可进行催吐，并及时送医院检查。

小孩子饮酒易中毒

晚上，小顺爸爸的同事来家里吃饭。饭后，大人们聊天，小顺一个人看电视，等到电视插播广告的时候，小顺正好觉得口渴，准备去喝水。小顺在餐厅看到几瓶红色"饮料"，见爸爸聊天正起劲，小顺也没问，直接打开就喝了。

没过多久，小顺感到头晕，伴有呕吐，甚至出现了昏迷。小顺的爸爸和同事看到这种状况，赶紧带小顺去了急诊。

医生检查后，确定小顺是酒精中毒，虽然最终抢救过来，但酒精已经伤及脑部，后果可能很严重。

危险早知道 ⚠

⊙喝酒后，胃会很难受，容易发生呕吐。

⊙酒精会让智力下降，影响学习。

⊙喝酒会降低免疫力，使人容易生病。

⊙喝酒过量，可能导致死亡。

爸爸妈妈说

◆小孩子身体尚未发育好，尤其是脑部，一旦饮酒受酒精刺激，伤害会很大，千万别过早沾染喝酒的坏习惯。

◆未成年人不能饮酒，一定要牢记。

正确的做法 ✓

★饮酒不是儿戏！虽然饮酒不一定都会导致中毒，但任何时候都别因为觉得好玩而饮酒。

★如果遇到大人逗自己喝酒，一定要有自己的主见，坚决不喝，或用其他健康饮品代替。

玩具安全篇

 WANJU ANQUAN PIAN

橡皮筋缠在手指上很危险

在幼儿园午睡时，小雨将橡皮筋缠在手指上玩，玩着玩着就睡着了。睡醒后，老师发现小雨的手指有些肿，急忙通知家长。当晚，小雨的手指稍微有些红肿，妈妈给她涂抹了一点药膏并未太在意。第二天早晨，小雨的手指已经变得黑紫，妈妈这才急忙将孩子送到医院。

为了保住小雨的手指，医生立即为小雨进行手指切开减压术。术后，小雨的手指已经有了一点儿知觉，还需进行下一步治疗。当得知小雨险些面临截肢，妈妈非常后怕和自责，没想到小小的橡皮筋能造成如此严重的后果。

危险早知道 ⚠

⊙橡皮筋有弹性，一不小心，有可能被弹伤。

⊙被橡皮筋缠的手指出现肿胀，前端变成黑紫色，这是血液不畅通的缘故。

⊙橡皮筋被小孩子吞食，容易导致肠胃损伤。

⊙如果将橡皮筋套在脖子上，严重的将导致窒息。

爸爸妈妈说

◆别小看一个橡皮筋，可能会导致大危险。

◆将橡皮筋缠绕到肢体上，很容易导致血液不畅通。一旦缠绕过久，就会造成不可逆的损伤，甚至截肢。

正确的做法 ✓

★尽量避免在肢体上缠绕橡皮筋等饰物。

★看到小朋友拿橡皮筋缠手指、套脖子，要立即制止。

安全小贴士

橡皮筋所套的手指或脚趾、胳膊出现肿胀，且无法取下橡皮筋时，应立即前往医院。

长时间戴塑料面具坏处多

一女士向记者反映，她带小孙子去逛街，在路边摊位处购买了一个卡通人物造型的面具，小孙子当天就戴着玩耍。回到家时，她发现小孙子的脸上和手上有几处红红的痕迹，还有一股塑料味，她急忙查看才发现，原来是面具掉色染在了小孙子的脸上和手上。

据医生介绍，没有透气孔的面具，孩子戴上去不到三分钟就会感到呼吸不顺畅，而且带有浓重塑料味和掉色的面具可能会引发皮肤过敏。在日常生活中，家长要看管好孩子，别让不懂事的儿童啃咬面具，以免面具上的油漆和细菌从口中进入体内。

危险早知道 ⚠

⊙带有浓重塑料气味和掉色的面具，可能会引发皮肤过敏。

⊙佩戴一些造型奇特的面具，会让视线受阻，稍不留心，容易出现摔倒受伤等情况。

⊙长时间将劣质塑料面具戴在脸上，会将面具散发的有毒气体吸入体内，造成慢性中毒。

⊙有些面具密不透风，如果长时间佩戴会缺氧头晕，严重时还会造成窒息。

爸爸妈妈说

◆有毒的东西不一定有异味，但有异味的一定有问题，那种有刺激性气味的塑料面具并不健康。

◆市面上有不少塑料面具是三无产品，很容易危及身体健康。

正确的做法 ✓

★ 买玩具前，最好用鼻子闻一闻，有刺鼻异味的一定不要
　购买。

★ 很喜欢玩面具的话，可以在家里手工制作既简单又有创
　意的面具。

安全小贴士

　　呼吸道脆弱的孩子，佩戴带有刺激气味的塑料面具，很容易出现缺氧、呼吸困难等情况。

贴纸粘在皮肤上可能引发过敏

李胜平时和奶奶住在一起，奶奶对李胜特别疼爱。李胜特别喜欢玩具，奶奶就买各种玩具给他，家里的玩具都快堆成小山了。

前段时间，李胜看中了一款贴纸，就是可以贴在皮肤上的那种，奶奶二话不说就买了。李胜高兴地把很多贴纸粘到了手臂上，就连晚上洗澡都舍不得揭下来。到了第二天，李胜就一直嚷着胳膊痒，奶奶发现李胜的手臂上竟然长出来很多小红点，甚至有些地方开始出现红肿。奶奶赶紧带着李胜去了医院。医生检查后说，这是对贴纸过敏引起的皮炎。

危险早知道 ⚠

- ⊙ 不正规的贴纸多含毒性物质，长时间接触可能被皮肤吸收，引发过敏以及其他皮肤疾病，出现发红、瘙痒，甚至疼痛等接触性皮炎的的症状。

- ⊙ 市面上售卖的贴纸质量参差不齐，有些使用的材料是环保油墨、环保胶水，有些就是用塑料、胶水制成的，安全性无法保证。

- ⊙ 由于贴纸上附着胶水等黏性物质，揭下来是个撕拉过程，若黏性过大，可能造成皮肤破损，引发感染。

爸爸妈妈说

- ◆ 一些廉价低劣的贴纸，使用的颜料和背胶可能含有大量有害物质，直接接触皮肤，危害可不小。

- ◆ 如果贴纸黏性过大，最好别强行撕扯。

正确的做法 ✅

★贴纸最好别贴在皮肤上，特别是皮肤有破损的地方，一定不要贴。

★坚决杜绝接触文身贴。

★如果买贴纸，尽量选择正规厂家生产、无毒环保的贴纸。

安全小贴士

如果接触贴纸的皮肤出现不良反应，最好及时将贴纸揭下，然后冷敷。如果情况没有好转，要到医院做进一步处理。

氢气球"发火"很危险

急诊科接到这样一个病人：一名两岁大的小女孩重度烧伤，眼睛已无法睁开，四肢颜色呈焦炭状，皮肤脱落……

医生说，小女孩被送到医院时，她的衣服上还有水渍。当时孩子衣服烧着了，大人先将孩子衣服上的火用水浇灭，然后送到医院。因为孩子的情况十分危急，医生虽然抢救了一个多小时，但仍没能挽回孩子的生命。

孩子的家属说，是布置在房间里的氢气球触碰到火炉引起了爆炸、燃烧，而孩子当时就坐在离火炉不远的地方，最终酿成悲剧。

危险早知道 ⚠

⊙如果氢气球遇到火源，或太阳暴晒、压力过高等情况，就容易发生爆燃！

⊙氢气球的爆炸会导致人烧伤，甚至危及生命。

爸爸妈妈说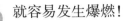

◆气球中的化学物质，对皮肤的伤害非常大，极可能引起皮肤瘙痒、皮疹等过敏现象。

◆玩氢气球一定要远离人群，万一在人群中遇到烟头、火花等火源会很危险。

正确的做法 ⊘

★最好不买氢气球玩。玩氢气球时一定要小心。

★避免在公共场合玩氢气球。

磁力珠可不是糖豆

前段时间，上小学的冬冬看到同学们都在玩磁力珠，也让妈妈买，妈妈没多想就买了一套回来。

有一天，冬冬正在客厅带着妹妹玩玩具。妈妈突然发现妹妹嘴里嚼着什么，在妈妈的询问下，冬冬告诉妈妈，妹妹吃了磁力珠。妈妈随后赶紧带孩子来到医院，通过X光看出妹妹吞食的量比较多。考虑已经有消化道穿孔形成内瘘可能，医生及时安排了手术。术中探查见妹妹小肠多处穿孔形成内瘘，需要治疗一段时间才能康复。

危险早知道 ⚠

⊙磁力珠容易被误吞，且很难正常排出。

⊙磁力珠是具有很强磁性的球体，吞进肚子后，先吞进去的与后吞进去的隔着肠壁吸在一起，会造成肠穿孔。

⊙有些孩子吃了磁力珠也不知道，后来因为肚子疼才就医，需要做开腹手术取出，甚至可能需要切掉一段肠子。

爸爸妈妈说

◆磁力珠虽然名气大，看似益智又好玩，却存在很大的安全隐患。为了安全健康，小孩子玩磁力珠一定要遵守爸妈的安全警示！

◆玩带磁力小零件的玩具时也一定要注意安全，以免造成不可挽回的后果。

正确的做法 ✓

★不随便把磁力珠放嘴里。

★含有磁铁部件的玩具，一定要在成人陪同下玩。

安全小贴士

如果发现孩子可能误吞异物，家长要通过观察孩子身边物品或者询问了解具体是什么异物，便于医生更快速、准确地诊疗。

小心弹力软轴乒乓球扎眼睛

大川和爸爸在家玩弹力软轴乒乓球。玩了一会儿，爸爸去了卧室，留下大川一人在客厅玩。不久，客厅传来哭声。爸爸闻声赶来，只见大川左眼上方插着不锈钢软轴，爸爸赶紧带着大川到医院就医。医生诊断大川为开放性颅脑损伤、颅内少量血肿、左眼眶上壁骨折伴左眼眶周围软组织挫裂伤。因出血量不多，没有明显的脑脊液漏出，故无须手术，医生给予保守治疗，但后期视力可能会受影响。

经过一周治疗，大川康复出院，但对视力的影响仍需进一步评估。

危险早知道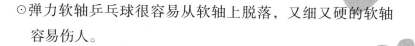

⊙弹力软轴乒乓球很容易从软轴上脱落，又细又硬的软轴容易伤人。

⊙如果软轴戳到眼球里，视力肯定会受影响。

爸爸妈妈说

◆弹力软轴乒乓球并非体育用品，仅可以短时间起到娱乐的作用。

◆弹力软轴乒乓球看似好玩，实际处处藏雷，非常不适合低龄儿童独自玩耍。

正确的做法 ⊘

★尖锐危险的玩具，一定要在家长的看护和陪同下玩。

★购买弹力软轴乒乓球之前需衡量孩子的自律能力，千万别被宣传所诱惑。

安全小贴士

一旦发生儿童颅脑损伤等意外事故，应及时就近就医，由专业医生评估治疗，如果擅自取出或移动插进身体的物体，容易造成二次伤害。

水晶泥可能引发中毒

水晶泥颜色各异，看起来亮丽鲜艳，就像果冻布丁一样十分讨喜。"大人都想让自家小孩少玩点手机、电脑游戏，让孩子做些有益的事情。于是，我直接给女儿买了一堆水晶泥。"一位先生说。这位先生接着回忆道："就在上个周末午饭后，女儿出现了恶心反胃的症状。询问后得知，女儿忙着玩水晶泥，吃东西都没有洗手，估计就是误食了水晶泥所致……"

几年前，江苏宿迁一名学生误食水晶泥中毒入院；广州两名小孩因为误用了装过水晶泥的杯子喝水，出现不适症状。

危险早知道 ⚠

⊙水晶泥中有可能添加了有毒的硼砂，长时间接触之后就有可能会出现轻微的皮肤过敏、流鼻血等情况。

⊙经常玩水晶泥，硼砂的毒素会积存在体内，引起消化不良，影响营养吸收，导致体重下降。

⊙水晶泥使用不当，会导致化学烧伤。

⊙一旦误食的量超过安全许可量，可能导致急性中毒，严重时致死危险更高。

爸爸妈妈说

◆水晶泥外观可爱，却有毒素超标的情况。已经发生很多类似小学生误食水晶泥中毒的事件，一定要警惕！

◆在玩水晶泥时，不经意用手碰到口腔，硼砂就会被人体吸收。嘴巴一触就如此危险，如果儿童误食的话，后果更加不敢想象。

正确的做法 ✓

★ 尽量别让孩子玩水晶泥，更不能放嘴里。

★ 皮肤有损伤时，要远离水晶泥。

★ 玩水晶泥时，最好戴上防护手套，而且玩后一定要及时洗手。

安全小贴士

目前市场上销售的水晶泥，大多是三无产品。虽然标注有"不可食用"，但对于小朋友来说，仍存在极大的风险。

激光笔照眼睛，容易导致失明

小朋是一名三年级学生。一天放学后，小朋缠着爸爸在学校门口的小卖部里买了一支激光笔。他购买激光笔的目的是和同班几个男生比谁射得远。小朋压根就不知道激光的潜在危险，也从来没想过激光会损伤眼睛。小朋在和同学们一起玩的时候，曾好几次被激光直射双眼。虽然小朋后来感到视线模糊不清，但是却不敢将这个秘密告诉父母。

两周过后，小朋的视线依然模糊不清。爸爸知道后慌了，立即将小朋送往医院。检查后，医生发现，小朋左眼内部严重出血，右眼视网膜也出现多处创伤。即使经过治疗，这些伤痕也会损伤视力。

危险早知道 ⚠

⊙玩激光笔时，稍有不慎，皮肤就会被灼伤。

⊙用激光笔照射眼睛，很容易导致眼睛的永久性损伤，甚至失明。

⊙一些价低质劣的大功率、无商标激光笔，极易诱发火灾。

爸爸妈妈说

◆不能将激光笔当成玩具，也不能用激光直接照射眼睛，稍有不慎，就会造成不可挽救的视力损伤。

◆有些小朋友由于好奇，刻意地去追求功率更大的激光笔，殊不知高强度激光产品危险性更大。

◆除激光笔外，能灼伤眼睛的光源还有很多，如汽车远光灯、强光手电筒、浴霸灯、灭蝇灯、LED、闪光灯、电焊弧光、消毒灯等，都要尽量避免直视。

正确的做法

★任何时候，都要避免直视激光光源。

★不购买带激光瞄准、射击功能的玩具。

安全小贴士

一旦激光笔照射到眼睛，一定要及时对眼睛进行检查，并且配合医生的治疗，避免损伤越来越重。

宠物安全篇

CHONGWU ANQUAN PIAN

喂食宠物后，一定要洗手

　　八岁的明洁右眼视力开始下降，父母起初觉得她可能是电视看多了，就没太放在心上，只是给她配了眼镜。可是戴上眼镜后，明洁的视力依然没有得到矫正，反而越来越严重，直到上个月，右眼完全看不见了，爸妈这才担心起来，并带明洁去了医院。

　　经过检查发现，明洁的视网膜脱离，出血较多，需要进行手术。手术后做了病理检查才发现明洁视力问题的原因，是因为感染了弓蛔虫。在手术结束后，医生询问情况，才知道明洁家中养有狗狗，明洁频繁跟它接触却不注意卫生才导致了这样的结果，这令爸妈愧疚不已。

危险早知道 ⚠

⊙宠物身上和体内会存在各种寄生虫，易感染人，有引起疾病的风险。

⊙小孩子因为抵抗力差，更容易感染弓蛔虫病。

⊙弓蛔虫卵进入人的眼睛后，眼部会出现酸痒。如果用手揉眼睛，就会使寄生虫附生到眼球上，使眼部感染。

爸爸妈妈说

◆和宠物玩耍或者在接触宠物的用具后，都要洗手。要用肥皂冲洗，并注意清洁指甲缝等隐蔽地方。

◆吃东西前，不管触摸了宠物还是其他东西，都需要洗手，要从小培养勤洗手、讲卫生的好习惯。

◆如果身上有创伤，要避免过于亲密地触摸宠物，以防感染。

正确的做法

★和宠物玩耍后，一定要把手洗干净。

★没洗手前，避免用手触摸脸或眼睛。

安全小贴士

　　一旦被宠物狗抓伤、咬伤，应马上按压创口，让伤口里的血流出来，然后用碘酒进行消毒，再去医院注射狂犬疫苗。

出门遛狗要拴链子

郝英晚上和奶奶在家附近散步，遇到一个遛狗的人。两只大型犬伴其左右，却没有拴链子。郝英和奶奶快走到跟前时，两只大型犬突然向郝英扑来。它们一边撕咬郝英，一边将她拖向路边。危急时刻，狗主人大声喝止也无济于事。奶奶和路人用石头和棍棒才把狗赶走，郝英也被送往医院抢救。

这次事件中，郝英全身撕裂伤口多达20多处，尤以头部为重，颈部和四肢也有很多撕裂伤。院方集中数名专家给郝英做手术，单单头部就缝了100多针。

危险早知道 ⚠

⊙认为自家的狗不咬人，这是错误的。在炎热的天气环境下，宠物狗情绪容易异常，会变得有些暴躁。

⊙遛狗不拴狗链，狗会乱窜，极容易吓到路人，甚至发生狗伤人事件。

⊙被狗咬伤后，如果没有在一定时间内前往医院接种狂犬疫苗，可能会得狂犬病。

爸爸妈妈说

◆出门遛狗，须给狗拴上狗链——既是保护狗，又是对别人的安全负责。

◆见到未拴链子的大型犬，要尽早躲开，以防止发生被狗袭击的情况。

正确的做法 ✓

★遛狗前，须给狗拴上狗链子。

★最好让狗戴上嘴套，以排除咬人的风险。

★遛狗时，注意避让行人，尤其要注意避让老年人、残疾人、孕妇和儿童。

安全小贴士

夏季炎热，宠物狗情绪易狂躁，外出时请务必拴链、牵牢，以免有突发状况时伤及无辜，给自己和他人带来麻烦。

谨慎与宠物猫同眠

小女孩琳琳特别喜欢家里的蓝猫。因为和蓝猫感情很好，琳琳每天晚上都会把它放在床上，抱着它睡觉。

一天,琳琳感觉眼睛里有东西，又红又痒,妈妈带她到医院检查,医生竟从她的眼中"捉"出一条活虫，这可把琳琳吓坏了！经过询问得知，琳琳经常和猫同床而眠。医生说，猫是这种寄生虫的主要寄主，感染这种虫与她经常接触家里的宠物猫有关。

危险早知道 ⚠

⊙ 和宠物猫同床睡觉，有可能感染宠物猫身上携带的一些病菌，很容易患病。

⊙ 即使打了疫苗，也无法防范宠物猫身上自带的细菌。特别是孩子，一旦感染，可能会引发各种疾病。

⊙ 和宠物猫同睡时，可能会被抓伤或者咬伤。

⊙ 有些宠物猫甚至还会在床上大小便，滋生细菌，传染疾病。

爸爸妈妈说

◆ 并不是宠物猫洗完澡之后身体就完全洁净了，近年来，出现了很多宠物猫把病菌传染给人的情况。所以为了自身的健康和安全，最好不抱宠物猫睡觉。

◆ 宠物猫的皮毛是螨虫、跳蚤最好的寄生场所，并且因为儿童还在发育中，抵抗力较差，所以儿童和宠物猫一起睡觉，很容易感染各种疾病。

正确的做法 ✓

★尽可能避免与宠物猫同睡，或者经常抱在身上。

★身体生病的时候，须和宠物猫保持距离。

安全小贴士

有些特殊体质的人，对猫的毛、皮屑等过敏，和猫过分亲近，可能引发过敏的现象，皮肤会很痒，甚至还会患上过敏性鼻炎。

宠物龟也会咬人

兰兰特别喜欢宠物,家里不仅有泰迪狗、鹦鹉,还有一只很大的巴西龟。

一天,兰兰给乌龟喂食后,就细致地观察起这个小伙伴来。看它有些沉闷的样子,兰兰就用手指在它面前引逗,谁承想这个小伙伴突然伸出了头,一口就咬住了兰兰的手指。钻心的疼痛,瞬间让兰兰号哭起来。爸爸看到兰兰被咬,就轻轻地弹乌龟的头。乌龟也很"知趣"地松开了口。看着兰兰受伤的手指,爸爸及时进行了消毒处理和包扎。

危险早知道

⊙有时候，乌龟会将你的手指误当成食物，可能会本能地咬你一口。

⊙当乌龟处于情绪烦躁或者觉得陌生人对自己有威胁时，它会做出攻击行为。

⊙乌龟可能会携带一定的病菌，被咬伤后，一定要及时进行消毒处理。

爸爸妈妈说

◆乌龟虽然无毒，但却是病菌或细菌携带者，抚摸乌龟后要及时洗手。

◆平时应避免把手放到乌龟面前，否则容易遭到乌龟的误判而被咬伤。

正确的做法 ✓

★ 要了解乌龟的习性，尽量不用手喂食，不拿手指挑逗它。

★ 一旦被乌龟咬住手指不放，不必惊慌，将乌龟和自己的手全都放入水中，然后用另一只手堵住它的鼻子，不一会儿乌龟便会松口。

★ 被乌龟咬伤后，要用碘伏溶液、双氧水溶液等进行消毒。如果伤口严重，应该及时到医院进行处理。

安全小贴士

很多乌龟都有一定的辨别能力，对饲养者一般很亲近，而对陌生人则具有攻击性。

小心虎皮鹦鹉

木木要过生日了，他央求妈妈给他买两只虎皮鹦鹉，妈妈欣然答应了。

木木生日这天，妈妈买回来两只绿颜色的虎皮鹦鹉。木木看着倾心已久的虎皮鹦鹉，别提有多高兴了。艳丽的羽毛、灵动的样子，一时将木木吸引住了。趁妈妈不注意，木木就轻轻地将笼门打开，准备去抓一只。"哎哟，疼！疼！疼！"还没等木木反应过来，一只虎皮鹦鹉一下就钳住了木木的手。

好在妈妈及时过来，才将木木解救下来。看着木木的手被咬出了血印，妈妈很是心疼。

危险早知道 ⚠

⊙刚买回来的鹦鹉，突然来到陌生的环境，一般都会很紧张，
对人也保持高度警惕，此时去抓它，自然会遭到它的攻击。

⊙鹦鹉在打盹及梳理松散羽毛的时候，尽可能别去打扰它
们，这个时候去打扰，容易引起它们的烦躁，人容易被咬。

⊙一旦被体形较大的鹦鹉咬伤，要及时对伤口进行消毒处
理或者去医院就医。

爸爸妈妈说

◆学习和了解鹦鹉的习性，能够让你更好地与鹦鹉相处，
减少被咬的可能性。

◆刚买回来的鹦鹉，应避免直接去抓，因为它还不了解你，
对你有防备心。

正确的做法 ✓

★ 新买的鹦鹉，应避免直接用手接触它们，尽量保持友好的距离，让它们感觉你没有恶意。

★ 在驯服鹦鹉时，要让它们逐步认识并且熟悉你，时间长了，就会养成亲近你的习惯了。

★ 一旦被鹦鹉咬伤，要视被伤的程度，选择及时消毒处理还是去医院就医。

安全小贴士

鹦鹉有时候会有小暴脾气，刚买来时，最好别轻易地去抓和玩。人和鹦鹉长时间地培养感情，才能让它们放下戒备心，与你友好相处。

电器安全篇

 DIANQI ANQUAN PIAN

严禁往插座孔里插钥匙

近年来，儿童遭电击伤亡的事故屡见不鲜。

2013年，浙江一个三岁女童在出租房玩耍时，因好奇将钥匙插入了通电的插座孔中，瞬间触电身亡。

2016年，福建莆田一个两岁女童趁大人不在身边，将金属筷插入插座中，导致双手触电深度烧伤，右手食指后期进行了截肢手术。

危险早知道 ⚠

⊙往插座孔里插钥匙或其他金属制品，非常容易引发触电事故。

⊙一旦插线板短路，可能引起插座燃烧，甚至火灾。

爸爸妈妈说

◆随着使用年限和使用频率的增加，插线板易出故障，需小心！

◆有医生说，在急诊中经常遇到遭到电击的小孩子。

正确的做法 ✓

★ 不随便碰电源插座，就可以避免很多意外事故的发生。

★ 如果发现有小朋友往电源插座里插东西，应马上制止并告诉他这样做的危险性。

安全小贴士

电流通过人体会造成伤亡，千万别用钥匙直接与电源接触，更要避免用手指去戳电源插孔。

饮水机开关不好玩

三岁的冰冰，是个调皮的小男孩。一天，爷爷奶奶让冰冰在客厅看动画片，两人则在厨房准备午饭。

因为当天有客人要来，要泡茶，奶奶就把饮水机的热水开关打开了。冰冰觉得饮水机开关按着很好玩，就把右手放在了出水口，然后按下了红色按钮，结果右手瞬间被烫伤，冰冰大声哭嚷起来。奶奶闻声赶到客厅，赶紧抱着冰冰来到洗漱台，用冷水冲了一阵冰冰烫伤的手，接着又把他送到儿童医院。经诊断，冰冰的手为深二度烫伤。因为奶奶及时冲了冷水，才没有让伤口进一步恶化。

危险早知道 ⚠

⊙饮水机热水开关打开后，应禁止小孩子按开关玩，以免被烫伤。

⊙无论大人还是小孩，在饮水机接开水时，要规范操作，谨防被烫。

爸爸妈妈说

◆年龄太小的孩子，想喝水时，可以让大人帮忙。

◆如果饮水机使用不当，很容易带来安全隐患。

正确的做法

★饮水机的开关不能来来回回地按。

★避免攀爬饮水机，小心被砸伤。

安全小贴士

如果发现饮水机有烧焦味、声音异常、漏水等情况，应立即切断电源。

湿手碰电器，容易触电

一名女子在家中洗澡时，因触碰了正在加热的电热水器而触电身亡。

据抢救的医生称，这名女子送至医院时，呼吸和心跳已经停止，双瞳呈放大状。因为送医院不及时，虽然医生对该女子进行了急救，但仍无法挽救其性命。

医生检查时发现，死者的左手无名指和小指之间有明显的被电流灼伤的痕迹，且死者的左手半握呈痉挛状，其死亡原因明显是触电。

危险早知道 ⚠

⊙一旦被电到，最开始会有针刺、麻木的感觉。

⊙当水渗入电器开关中，轻则短路引发线路故障，重则酿
　成灾难。

爸爸妈妈说

◆水是可以导电的，刚洗完手，就去触碰电器的开关，这
　是非常危险的做法。

◆杜绝用湿布去擦拭工作中的电器。

◆在电线上晾晒衣物，容易引起触电。潮湿的衣服和手都
　是湿的，增加了触电的危险。

◆一些小区、广场水池，如果有水灯、喷泉等，可能会有
　漏电风险，为了安全，要避免接近水池。

正确的做法 ✓

★ 手沾水后，要擦干再去按电器开关。

★ 用电器的时候，不妨想一想学过的用电安全知识，做到安全用电。

安全小贴士

发现有人触电，在保证自身安全的前提下，可设法切断电源，严禁用手去拉扯伤员。

微波炉里避免乱放东西

星期六早上，张红将鸡蛋放入盛满水的塑料碗中,直接放进微波炉里加热。三分钟后，当张红打开微波炉时，鸡蛋突然炸裂，炸裂物四处飞溅。张红只觉得眼前一黑，面部痛苦不堪，脸上像被火烧一般疼痛难耐！爸爸妈妈见状，赶紧把她送去了医院。

此时的张红，脸部受到严重烫伤，面部皮肤因高温烫出无数水泡，两只眼睛的角膜全部受损。这对于八岁的张红来说，几乎就是毁灭性的打击。

危险早知道 ⚠

⊙微波炉在使用过程中会产生辐射。

⊙微波炉里加热生鸡蛋，会使其膨胀、爆炸变"炸蛋"。

⊙易拉罐等金属罐子放进微波炉，容易起火、爆炸。

⊙带壳的食物，如核桃、板栗、白果等食品放进微波炉加热，也属于高风险操作。

⊙一些塑料装饮品、塑料泡沫外卖盒放进微波炉加热，可能会释放出有害物质污染食物，还容易燃烧起火。

爸爸妈妈说 ✿

◆用微波炉要注意安全，生鸡蛋及密闭包装的食品，禁止在微波炉里加热。

◆微波炉不能空转，不耐热的容器禁止放入微波炉加热。

正确的做法 ⊘

★ 小孩子尽可能不接触微波炉，如果使用，可以告诉大人，让其帮助操作。

★ 微波炉开启后，应避免与之靠得太近。

安全小贴士

尽管微波炉很方便，但是它也并非十全十美，使用时一定要遵循说明书的规定操作，以免发生意外。

不合格电器惹祸患

有媒体报道，高先生在去年年底网购了一款超便宜的洗衣机。令人意想不到的是，这款洗衣机在使用时发生了漏电。

据悉，高先生购买的是一台 4.2 公斤单筒迷你洗脱一体洗衣机，虽然是没怎么听过的品牌，但是价格美丽，功能齐全。一天，在用洗衣机洗衣服时，高先生的儿子不小心碰到了洗衣机，却不想瞬间被电伤，还好被及时送往了医院救治。

危险早知道 ⚠

⊙购买电器，一定要购买正规合格的产品，这样才能尽可
能杜绝漏电隐患。

⊙触电后，应及时断电。

⊙在漏电电流值达到 30 毫安时，造成死亡的可能性就极大。

爸爸妈妈说 ✿

◆电器在工作时，小孩子要避免去触碰电器。

◆发现有人触电，先要想办法安全及时地切断电源，严禁
用手或身体任何部位直接救人，以免触电。

正确的做法 ✓

★避免随意玩插座、开关、电线、电器。

★遇到有脱落的电线时，勿靠近，须远离，千万别去触碰。

★对于自己处理不了的漏电险情，可以呼喊周围的大人或
　报警求助。

安全小贴士

　　使用漏电保护开关，是
最佳的避免家电漏电的方
法，这样做不但对家电有一
定的保护作用，也是对个人
的人身安全负责的表现。

意外防范篇

水银有毒须防范

　　张女士发现儿子有些高烧，就找出了家里的水银体温计，准备给儿子量一下体温。张女士先甩了几下体温计，重置一下读数，没想到手没拿稳，体温计脱手摔碎在地上。张女士见地上的水银珠子很小，用肉眼都看不出来，就拿拖把拖了几下，便以为清理干净了。

　　当天晚上，张女士一家人都出现了头疼、肚子痛的症状，只好一起去医院检查，医生最终诊断他们为汞中毒！

危险早知道

⊙水银体温计易碎裂，汞一旦泄露，很麻烦。

⊙如果短时间内吸入大量汞蒸气，容易导致汞中毒。

⊙在处理过程中，如果水银被打散成更小的粒子，会造成其他的污染和危险。

爸爸妈妈说

◆如果水银体温计在室内被打碎，只要及时处理干净，保持室内通风，一般是不会引起汞中毒的。

◆可用湿润的棉棒将水银粘集起来，放进可以封口的小瓶中，并在瓶中加入少量水，防止水银蒸发。

◆需注意的是，收集动作要快，戴上手套，尽量不与水银接触。

◆对掉在地上却无法完全收集起来的水银，可撒些硫磺粉，以降低水银的毒性。

正确的做法 ✓

★尽量不用、不玩水银体温计。

★小孩子应避免独自使用水银体温计。

★水银体温计摔坏了，必须及时告诉大人。

★清理水银时，最好戴上口罩和手套。

安全小贴士

水银体温计被打碎后，水银并不会全部瞬间挥发，房间也不可能密不透气。但也应该引起足够的重视，减少汞中毒的发生概率。

吃鱼卡刺咋解决

芸芸很喜欢吃鱼。一次，芸芸在吃鱼的时候，鱼刺卡在了喉咙里，她难受得哭了起来。此时，家人慌了起来，只有奶奶没有慌张，她极力地安抚芸芸的情绪。在奶奶的安抚下，芸芸的情绪平稳了很多。为了夹出鱼刺，芸芸按照奶奶的要求，张大了嘴巴。奶奶拿着手电筒照向芸芸的嗓子，并用镊子轻轻地把鱼刺夹了出来。

为了安全起见，一家人还是开车带芸芸去了医院做检查。医生告诉他们，芸芸已经安全了，并对奶奶的一系列正确做法给予了赞许。

危险早知道 ⚠

⊙鱼刺卡到喉咙里，容易出现吞咽困难及疼痛状况。

⊙能看到鱼刺，但位置较深不易夹出的，得尽快去医院，必要的时候需手术拔除。

⊙如果用错误的处理方式，可能会导致食道出现感染、脓肿、食道壁穿孔，严重的还可能危及生命。

爸爸妈妈说

◆如果能找到鱼刺，可用镊子夹出。

◆避免强行大口吞咽蔬菜、馒头——以为能把鱼刺带下食道，这样只会使鱼刺扎得更深，并引起局部黏膜肿胀、出血或合并感染。

◆采用喝醋的方式，是不正确的。

正确的做法

★ 小孩子尽量避免独自吃鱼。

★ 在吃鱼时，一定要细嚼慢咽、专心。

安全小贴士

鱼刺夹出后的两三天内，也要注意观察，如孩子还有咽喉痛，甚至进食不正常或流口水等，一定要到正规医院检查。

陌生人敲门要警惕

放学后，女孩安安独自走路回家。走到半路时，一名40多岁的男子主动与她套近乎，称家里有小孩写作业遇到困难,想请她帮忙。安安一听这话，马上警觉起来，并找个理由拒绝了他。此时，那个男子有些不依不饶，还要求安安跟他一起走。趁他不注意，安安快速跑开，并很快来到了人多的地方。

因为街上人来人往，那个男子没敢有所行动，只是紧紧地跟着安安。好在安安离家特别近，不一会儿，就跑进了自家的楼道，那名男子也跟着进了楼道门。安安回到家后，赶紧关上门，并反锁了门。因为打不开门，那名男子就站在门外敲了一会儿门。幸运的是，安安家里有大人，估计是听到了大人的声音，那名男子迅速离开了。

　　得知了女儿的惊险事后，爸爸妈妈非常后怕。好在凭借机智与警觉，安安最终摆脱了危险。

危险早知道 ⚠

⊙ 在当今社会，拐卖儿童、残害儿童的事件时有发生，并且犯罪分子手段多样。

⊙ 不法分子惯用的手段，是以送东西、问路、修水管、检查煤气管道为名骗儿童开门。

⊙ 毫不设防地直接开门，会给犯罪分子创造作案条件，极有可能发生抢劫、绑架等事件。

爸爸妈妈说

◆ 小孩独自在家，如果家长事先没有交代，无论陌生人说什么，都不能轻易开门。

◆ 如果来人是送东西的，可以请他先把东西放在门口。

◆ 如果来人说要找爸爸妈妈，告诉他给爸爸妈妈打电话，或者改天再来。

◆ 如果来人说是检查煤气管道的，可以告诉他家长马上就回来了，让他先在门外等一下。

◆ 假如陌生人敲门，并用凶狠的话吓唬人时，要勇敢应对，要有分辨能力，千万别上当开门。

正确的做法 ✓

★ 大人外出时，一定要把门窗锁好。

★ 当一个人在家时，遇到陌生人敲门，可以不回答。

★ 遇到陌生人持续敲门，应避免紧张，保持高度戒备心理。

★ 当陌生人知道屋里有人而赖着不走，可以大声喊爸妈，说有不认识的人敲门，这样容易把对方吓跑。

★ 如果陌生人一直不走，可以打电话给家长或者拨打110报警。

安全小贴士

单独在家时，如果遇到陌生人百般纠缠、不断敲门，可采用给家人打电话、大声呼救等方式应对。

被反锁在屋里，怎么办

一个三岁小孩独自在家，并把家里防盗门内保险反锁。由于防盗门为指纹锁，开锁师傅一时无法打开，家人只得拨打119求助。消防救援人员使用撬棒对指纹锁外壳进行破拆。不一会儿，指纹锁外壳被破拆，但开锁师傅短时间内仍不能把防盗门打开。小孩父母就联系防盗门客服中心，寻求防盗门卖家帮助。

卖家工作人员赶到现场，要求消防救援人员继续破拆指纹锁外壳，寻找指纹锁里面的内保险按键。几分钟后，防盗门终于被打开。孩子外婆与父母第一时间冲进房间，发现小孩躲在阳台窗帘背后。小孩外婆与母亲痛哭不止，大人小孩都被吓得不轻。

危险早知道 ⚠

⊙要尽量避免小孩一个人在家的情况，不然容易发生意外情况。

⊙门被反锁时，小孩往往会做出爬窗户或阳台的举动，很危险！

爸爸妈妈说

◆当被反锁在屋里，千万别紧张，要想办法联系家人。

◆为了能出门，爬窗台可是最危险的做法，一旦摔下去，后果不堪设想！

正确的做法 ✅

★ 可以给家人打电话。

★ 被锁在家，一定不能攀爬阳台和窗户。

★ 站在阳台、窗户前呼救，或者打电话报警。

安全小贴士

室内的门锁，可以换成那种拿个硬币就可以开的简易锁，尤其是洗手间，有时候孩子为了玩水，会故意把大人锁在外面。

雷电真的很吓人

  周末的下午，下起了阵雨。陆陆趴在带有护栏的窗台上打游戏。忽然，一道闪电击中了陆陆，他瞬间倒地昏迷，不省人事。奶奶急忙拨打了 120 电话。幸运的是，陆陆经过救治后，渐渐地苏醒过来了。

  虽然陆陆醒了，但他后续出现头痛、耳痛的状况，听力也下降了。经过医生最终诊断，陆陆属于电击伤、感音神经性听力下降。在一段时间的治疗后，陆陆的病情基本好转了。

危险早知道 ⚠

⊙雷击能使树林、电杆、房屋等物体被劈裂或倒塌。

⊙雷电会产生强大电流，触及人体时，容易造成伤亡。

爸爸妈妈说

◆遇雷暴天气，切忌倚靠在墙壁边、门窗边，以避免打雷时产生感应电而致意外。

◆遇见打雷，若是正在骑自行车，要尽快远离自行车等其他金属物体，以免被雷电击中。

◆打雷时，在没有避雷装置的建筑内，应避免接触自来水管、暖气管道、铁丝网等。

◆在旷野，无法躲入有防雷设施的建筑物时，应远离树木。

正确的做法 ⊘

★打雷时，应留在室内并关好门窗。

★打雷时，应将家用电器的电源切断。

★打雷时，应尽量避免拨打、接听手机，或使用手机上网等。

安全小贴士

雷雨发生时，即使安装了避雷针，也应该迅速拔掉室内电视、电冰箱以及天线的电源插头，以免造成不必要的损失。

遇到中暑须重视

一个夏日的上午，学校要组织学生去公园采集昆虫、花草。听到这个消息，同学们兴高采烈。在去往公园的路上，同学们都有说有笑，但只有敦敦没有兴致。原来，敦敦感觉有些不舒服，但是他没有告诉老师。

中午，敦敦回到家后不久，就出现了头痛、头晕、出汗、面色苍白、体温升高等症状。见敦敦这般，一家人顿时紧张起来。爸爸给敦敦量了体温，达到了38.5度，这已经是明显的中暑症状了。妈妈又是用湿毛巾给敦敦敷额头，又是擦身上，还给他喝了一些清凉的水。奶奶还把小风扇搬过来，给敦敦进行降温。

　　过了一会儿，敦敦好了很多，但还是有轻微的恶心、呕吐症状，家人急忙将他送到了附近的儿童医院。因为敦敦中暑不是特别严重，医生给他开了药，又给敦敦家人交代了一些注意事项后，才让他们离开。

危险早知道 ⚠

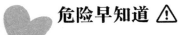

- ⊙中暑后，身体会出现许多不适反应，比如头晕、恶心、呕吐、烦躁、意识模糊、浑身无力等。

- ⊙个别人中暑严重的，可能会出现休克。

- ⊙如果没有得到及时救治，还存在死亡的风险。

爸爸妈妈说

- ◆如果夏天出现头昏、头痛、口渴、多汗、全身疲乏、心悸等症状，多数是中暑先兆。

- ◆一旦中暑，必须尽快散热，可以及时转移到通风、阴凉处，躺下休息，脱去或松开衣服，保持呼吸顺畅。

- ◆可用电扇、空调降温，但避免让风直接往头上吹。

- ◆可以在额头、颈部等部位擦清凉油或者风油精，或是用湿毛巾擦拭全身。

- ◆可以吃一些退热降暑的药物。

正确的做法 ✓

★夏天，尽可能穿轻薄宽松的衣服。

★可以喝一些清凉的饮品或者吃清凉的水果，如芒果汁、
西瓜等。

★高温时间，尤其是每天的中午和午后，尽量不出门。

★避免在太阳下长时间暴晒。

★若想参加野外活动、外出旅游或观看露天体育比赛，需
要带上防晒工具，如遮阳伞、太阳镜等。

安全小贴士

出现中暑症状的时候，
千万别掉以轻心，最好是及
时就医，以免耽误病情。

家庭溺水很可怕

四岁的莉莉要洗澡，妈妈用洗澡盆接了满满一盆温水，让她先泡泡澡。将莉莉安顿好后，妈妈就准备到客厅陪哥哥写作业，并嘱咐莉莉别乱动，先泡一泡，妈妈一会儿就来帮她洗澡。

然而，当妈妈忙完哥哥的作业，再次回到浴室时却发现，莉莉大半个头都埋在水中。妈妈赶紧将莉莉从澡盆里拉出来，但此时的她已经晕了过去。莉莉很快被送往医院进行抢救。经过抢救和治疗，莉莉的命总算保住了，但溺水造成的脑损伤却是不可逆的，后续还需进一步康复治疗。

危险早知道

⊙生活中，大部分的溺水都是悄无声息发生的。

⊙溺水严重的话，即使保住了命，也可能会导致大脑出现损伤，留下后遗症。

⊙溺水时间太长，会因缺氧而导致窒息死亡。

爸爸妈妈说

◆看似安全的家庭，也是儿童溺水的多发地。

◆不是水多、水深才会发生溺水，就算是小水盆、小水洼，一旦孩子栽下去呛到了水，或水面盖过口鼻，也可能导致溺水。

正确的做法 ✅

★应避免低龄儿童独自在有水的浴盆、水桶、浴缸边玩水。

★如果家中有鱼缸，切勿随便攀爬。

★没有大人的陪同，小孩子应避免单独出去游泳。

★如果发现小伙伴溺水，要大声呼救。

★发现溺水者呼叫不应，没有呼吸时，应立即为他进行心肺复苏，并马上拨打急救电话。

安全小贴士

　　一些看似安全的日用品（脸盆、浴缸等），也是导致幼儿溺水的"潜在杀手"，所以家长给孩子洗澡的时候，一定要全程守护。

校园安全

校园安全

"孩子安全无小事"

爸爸妈妈一定要告诉孩子的安全知识

于川◎编著

民主与建设出版社

© 民主与建设出版社，2022

图书在版编目（CIP）数据

孩子安全无小事：爸爸妈妈一定要告诉孩子的安全知识：全 5 册 . 2，校园安全 / 于川编著 . --北京：民主与建设出版社，2022.7

ISBN 978-7-5139-3857-0

Ⅰ . ①孩⋯ Ⅱ . ①于⋯ Ⅲ . ①安全教育－儿童读物 Ⅳ . ① X956-49

中国版本图书馆 CIP 数据核字（2022）第 106621 号

孩子安全无小事：爸爸妈妈一定要告诉孩子的安全知识
HAIZI ANQUAN WU XIAOSHI BABA MAMA YIDING YAO GAOSU HAIZI DE ANQUAN ZHISHI

责任编辑	王颂　郝平
封面设计	阳春白雪
出版发行	民主与建设出版社有限责任公司
电　话	（010）59417747　59419778
社　址	北京市海淀区西三环中路 10 号望海楼 E 座 7 层
邮　编	100142
印　刷	唐山楠萍印务有限公司
版　次	2022 年 7 月第 1 版
印　次	2022 年 7 月第 1 次印刷
开　本	880 毫米 × 1230 毫米　1/32
印　张	5
字　数	40 千字
书　号	ISBN 978-7-5139-3857-0
定　价	198.00 元（全 5 册）

注：如有印、装质量问题，请与出版社联系。

目　录

课间室内安全篇

课间室外安全篇

校园饮食安全篇

应对意外篇

上学路上安全篇

SHANGXUE LUSHANG ANQUAN PIAN

走路看书危害多

桐桐上五年级后，开始自己坐公交车上学。星期一早上，桐桐上了公交车后，找了一个座位坐定，便看起了故事书。看着看着，她被故事书的情节深深吸引，还差点坐过站。

下车后，桐桐看红灯还有几十秒，就顺手拿出书继续看。路口处，又陆续过来了几个等待过马路的同学。绿灯亮起，桐桐一边跟着同学的脚步行走，一边看着书。忽然，一辆左转的摩托车开了过来。因为桐桐没注意到车辆，而司机也出现了误判，导致瞬间发生了事故。为了躲桐桐，司机摔了出去，而桐桐也被剐蹭到。很快，桐桐和司机都被送往了医院救治。

危险早知道 ⚠

⊙走路看书易伤眼，还容易引发近视。

⊙走路看书，容易出现被绊倒、脚踩空、交通事故等多种意外情况。

爸爸妈妈说

◆走路时不看书，看书时不走路，一心不可二用。

◆应避免走路看书，生命安全才是第一位的。

正确的做法 ✓

★爱看书是好事，但是要选择教室、图书室、书房等场所进行阅读。

★走路要专心，要眼观六路，耳听八方。

★要认真学习交通安全知识，提高安全意识。

安全小贴士

边走路边看书，是件非常危险的事，特别是在车水马龙的路上，或是在拥堵的人行道上。

下水道井盖踩不得

上学途中，四年级学生小飞和小龙结伴而行。当他们走到路口转弯处时，发现地下管道井盖处不时冒出热气来。淘气的小飞故意用脚踩了几下井盖，小龙也模仿起来。哐当一声，井盖出现晃动，小龙的一条腿卡进去了。

"哎呀，我的腿！"小龙非常痛苦地叫嚷起来。小飞开始吓了一跳，缓过神后，急忙去拉小龙。这时，几个路人见状，也赶忙上前去帮他们。小龙得救后，脸色苍白，一屁股跌坐在地上，腿部和脚踝处都出现了剐蹭伤！

危险早知道

⊙井盖不牢固，踩踏上去非常容易造成自己及其他人受伤。

⊙一旦坠入下水井，极可能危及生命。

爸爸妈妈说

◆为了好玩，而故意在井盖上又蹦又跳，是不可取的做法。

◆一些井盖上有涂鸦作品，看着漂亮，却有隐患，小朋友要避免去那里玩。

◆路上的井盖，质量参差不齐，如果走在那些坏了的井盖上，就危险了！

正确的做法 ✓

★ 平时走路遇到井盖，尽量绕过它。

★ 如果发现下水井没有井盖或井盖不牢固的，可以告诉大人或者报警。

安全小贴士

日常上学放学，要注意马路上的井盖，不刻意去踩，也要避免去挪动。

翻马路护栏，易发生事故

三个小学生在过马路时，由于翻越护栏被轿车冲撞。监控画面显示：事故发生时，这三个学生翻过护栏，离他们最近的车辆已经停下，显然想让学生们先过马路。但是后面在另一条车道上行驶的另一辆轿车的司机，却没有注意到学生们，因为刹车不及时，直接撞了上来，导致车祸发生。

很快，学生们被紧急送往医院就医。医生说："他们虽受伤严重，但没有生命危险，汽车的冲撞导致孩子们出现了不同程度的骨折，这已经是不幸中的万幸了。"

危险早知道 ⚠

⊙横跨护栏过马路，容易被护栏"挂"住，尴尬而且危险！

⊙行人翻越护栏，危害自身安全，特别容易出现伤亡事故。

⊙有时候翻越护栏，易引发正常行驶车辆发生连环追尾，危险极大。

爸爸妈妈说

◆翻越护栏过马路，是一种不文明行为，也会影响个人和城市形象。

◆宁愿多走一段路，多过一个路口，也不要翻一个护栏。因为一旦出事，后果不堪设想。

正确的做法 ✓

★过马路，务必要遵守交通规则。

★文明出行，从每一步做起，从每一次做起！

★遇到别的小朋友翻越护栏，可向大人报告。

安全小贴士

宁可绕远百米，也不图一时便利。生命安全重于一切，翻越护栏绝不可取！

脱手骑行很危险

　　星期五早上，王柯骑着新买的自行车去上学。此时的王柯心里特别兴奋，他不顾一路上的往来车辆，双手放开车把，炫耀车技。他一会儿做出大鹏展翅的样子，放飞自我闯红灯，一会儿背手骑行在机动车道上。

　　忽然，一辆黑色轿车从巷口疾驰而出，王柯由于来不及刹车躲闪，被重重地撞倒在地。此时，他的双手、腿部、面部等多处受伤，自行车也被撞得变了形。这正是：骑行双手脱把，可谓潇洒；车祸惨剧易发，真是不值。

危险早知道 ⚠

⊙遇到紧急情况来不及刹车，可能会伤到自己，也害了别人。

⊙一旦引发车祸，不仅扰乱了交通秩序，还要负事故责任！

爸爸妈妈说

◆骑车松开车把，确实很酷，但拿生命取乐是不可取的。

◆不管双手脱把，还是单手骑行，都是危险的，侥幸心理
要不得！

正确的做法 ⊘

★ 在规定的车道骑行。

★ 不闯红灯。

★ 不和机动车抢行。

★ 靠右行驶。

★ 杜绝逆行。

★ 骑行时，应避免和伙伴追逐打闹。

★ 骑自行车，不佩戴耳机、不打伞，不单手骑车和脱把。

安全小贴士

生命安全无小事。骑自行车出行，一定要遵守交通法规。

校车上睡觉存隐患

早上，三岁半的紫柔被妈妈送上了幼儿园的校车。她上车后，就在车后排睡着了。车到了幼儿园，没人叫醒她，她就一直被遗忘在车内。直到下午放学，紫柔才被人发现，此时的她已中暑昏迷，情况很是危急。幼儿园老师和司机急忙将紫柔送往了医院。

经过紧急抢救，小紫柔才慢慢醒过来，很快又被转往省儿童医院 ICU 进行救治。当晚九点，省儿童医院的医生介绍，小紫柔已经脱离生命危险，但脑功能受损，身体的循环系统也受到了影响。

危险早知道

⊙在车上睡觉，一不小心就会着凉。

⊙坐车睡觉时，如果脖子歪向一边，很容易落枕。

⊙儿童一旦被遗忘在车内，可能会中暑昏迷，甚至窒息死亡。

爸爸妈妈说

◆中小学生，尤其是低龄学童，个子比较矮小，在车上睡着时，很容易被遗忘在车上。

◆在校车上睡觉，万一发生意外情况，小朋友不能在第一时间做出反应保护自己。

正确的做法 ✓

★尽量避免在车上睡觉。

★如果有同学在车上睡着了，校车到站时，要及时叫醒他，
或者告诉司机和老师。

安全小贴士

儿童一旦被遗忘在车内
出不去，可以通过脱鞋拍窗、
按喇叭等，寻求帮助。

乘车要注意，身体莫外伸

周三早上，爸爸开车送园园上学。一路上，树木吐绿，百花盛开，园园顿时感觉心旷神怡，不免开心地哼起了小歌儿。突然，她看见一片金黄的油菜花田，激动之下，她打开了车窗，伸出小手，装作在触摸那片油菜花。

这时，爸爸通过后视镜发现了园园的这个危险动作，马上制止说："园园，快撤回你的手，太危险了。"园园却不以为然，好像没听见一样。突然，对面急速驶来一辆大货车，吓得园园赶紧关上了车窗，边拍胸口边说："好吓人呀！爸爸，我以后再也不敢将头和手伸出窗外了！"

危险早知道 ⚠

⊙汽车行驶时，如果将手和头伸出车窗外，容易被路边的树枝、广告牌等刮伤。

⊙车子在急转弯的时候，还可能被甩出车外。

⊙在车辆交汇时，很容易被刮蹭，危及生命。

爸爸妈妈说

◆乘车时，把身体探出窗外，说明一点安全意识都没有。

◆车窗不是小孩子的玩具，一旦出事就晚了！

正确的做法 ✓

★应避免随意打开车窗，以及将身体探出窗外。

★发现别人将头、手伸出窗外，一定要加以制止。

安全小贴士

在没有安全带保护时，当急刹车或车辆遭到后车追尾时，整个人容易被甩出车外。

下公交车要观察行人车辆

　　周五的早上，一辆公交车停到了学校附近的站点。公交车门刚打开，学生小敏就迫不及待地跳下车。此时，一个骑自行车的大爷刚好骑到车门处。"小心！"还没等站点等车的人说完，骑自行车的大爷和小敏已经撞在了一起。小敏当即被撞倒，大爷和自行车也摔到了路边。

　　此时的小敏胳膊和腿都有擦伤和摔伤，大爷的头也磕破了，鲜血直流。人们一边将他们扶起，一边拨打了120电话。在医院，经过检查，他俩都是皮外伤，没有大碍。

危险早知道 ⚠

- ⊙在早晚高峰时段，个别自行车和电动车会靠近公交车站点行驶。而公交车有盲区，极容易与自行车、电动车发生剐蹭或者碰撞。

- ⊙乘客下车时，如果不注意来往的自行车、电动车，极易被撞倒或撞伤，后果不堪设想。

爸爸妈妈说

- ◆不管多么着急，都不抢上、抢下公交车，因为这样容易发生不可预知的意外。

- ◆不追赶公交，追赶公交极容易导致摔伤，特别是早晚高峰期间。

正确的做法 ⊘

★上公交车时，要等公交车停稳，再行动。

★下车时，要避免推挤别人，要有序下车。

★下车应避免着急，一定要注意观察，确定安全再下车。

安全小贴士

早晚高峰时间，正是路面交通最为拥堵的时候，下公交车时，切记要注意观察行人车辆，以保障自己及他人安全。

不与机动车辆抢路

芳芳家离学校不远，芳芳每天都是走路上学。有一天，她上学还是迟到了。芳芳出了家门，开始一路小跑奔向学校。因为着急，芳芳选择了横穿马路，她安全地躲过了几辆车。但有一辆车的司机，以为芳芳不会抢路，便选择了正常行驶。谁知芳芳忽然选择了加速往前跑，把司机吓坏了。他的车一个躲闪之后，撞到了另一车道的车辆，造成了交通事故。

此时的芳芳，虽然没有被撞到，但还是被吓得够呛。因为出了事故，不远处的执勤交警马上赶了过来……

危险早知道

⊙无视交规和机动车抢路，严重危及交通安全，会给正常行驶的车辆带来危险。

⊙和机动车辆抢路，极易被车撞到，发生伤亡事故。

爸爸妈妈说

◆安全永远是第一位的。过马路时，无论多么着急，都要遵守交通规则。

◆在车辆临近时，突然加速横穿或者中途折返，这种行为最危险。

正确的做法 ✓

★遵守交通信号灯，走人行横道通过马路。

★注意观察来往车辆，确认安全后，再通过。

放学路上安全篇

FANGXUE LUSHANG ANQUAN PIAN

放学后，不跟陌生人走

放学后，明明发现妈妈没有按时来接自己，他着急地在校门口等着。这时，走过来一个陌生的叔叔，他自称是妈妈的同事，要带明明去找妈妈。

明明相信了这个叔叔，跟着他走了。哪知道，这个陌生人把他拐卖到了一个偏僻的山村。在那里，他被卖给了一对陌生的夫妻。

当明明的爸爸妈妈发现儿子丢失后，赶紧报了警。警方通过不懈努力，最终抓到了犯罪分子，明明也回到了爸爸妈妈的身边。

危险早知道

⊙因为不知道别人是好人还是坏人，一旦上当，很危险。

⊙儿童被拐卖，多数会被带到很远的地方，可能再也回不了家了！

爸爸妈妈说

◆有时候爸妈迟到，别紧张，要耐心地等待一下。

◆不管是认识还是不认识的人，都不能跟他走。

◆陌生人会拿出好吃的、好玩的，来诱惑小朋友，可不能贪小便宜！

正确的做法 ✓

★家长还没来接时，一定要听从老师的安排。

★不要相信陌生人，更不能跟着陌生人走。

★只有爸妈提前交代了有人来接，才可以跟这个人走。

安全小贴士

遇事多动脑筋，提高警惕，不能随便相信陌生人的话，更不能跟陌生人走。

遇到陌生人尾随，要机智

　　丽丽在放学路上遭到两名陌生男子的尾随。丽丽发现后，就加快了脚步，两个陌生男子也加快了脚步。情急之下，丽丽跑向了正好停站的公交车。当公交司机得知情况后，他在安抚丽丽的同时，及时通过车上的一键报警装置将情况上报。

　　到了终点站，公交司机把丽丽托付给了同事们。最终，在大家的帮助下，丽丽被家人安全地接回，避免了意外的发生。

危险早知道

⊙在马路上或是僻静的地方，如果有陌生人一直紧跟自己，一定要警惕，并且要伺机寻求帮助。

⊙一旦被陌生人带走，容易发生被拐卖、被绑架等情况。

爸爸妈妈说

◆放学后，要及时回家，不在路上逗留、玩耍。

◆遇到陌生人说带自己去某个地方时，要立即走开。

◆发现有人跟踪时，不要上前质问，以免遭遇不测。

正确的做法 ✓

★上学和放学时，最好和同学结伴而行。

★发现被陌生人跟踪，要保持冷静，往人多的地方走。

★可以到附近的商场或超市，向店员借电话，请家人来接。

★如果附近有公安局，或看见在指挥交通的交通警察，可
　上前请警察协助。

安全小贴士

感觉自己被尾随了，要快速寻找安全的"避难所"，例如，公安局、医院、银行、酒店、商场等。

勿向井盖内乱扔鞭炮

在放学的路上，寒寒和光光看到沿街有卖擦炮的，他俩就拿出零花钱买了几盒。他们一会儿将点燃的擦炮投向雪窝，一会儿抛向树上炸鸟，还不时模仿战争片情节进行远距离"投弹"。

玩着玩着，他们发现了两个下水道井盖。寒寒说："敌人在下面，赶紧炸出来。"光光顺势将点燃的擦炮顺着井盖的小孔塞了进去，然后他俩转身就跑。几秒后，现场传出一声巨响，两个井盖瞬间被炸飞，一旁的人们被吓得慌忙奔跑。事后，警察通过监控，才确定是两个小孩往井盖里扔鞭炮导致了爆炸，所幸没有造成人员伤亡。

危险早知道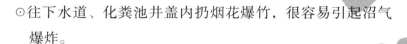

⊙ 往下水道、化粪池井盖内扔烟花爆竹，很容易引起沼气
爆炸。

⊙ 被引爆的井盖内沼气，其威力堪比炸弹，会造成不可估
量的损失。

爸爸妈妈说

◆ 燃放烟花爆竹，要选择安全空旷的地方。

◆ 往下水道、化粪池井盖里投放鞭炮，后果也是很严重的。

正确的做法 ✓

★燃放鞭炮或烟花时，要有大人的陪同。

★不能把点燃的鞭炮投向任何有可能引发危险的地方。

安全小贴士

当点燃的爆竹被投入下水道井后，井下积聚的可燃性气体会瞬间发生爆炸，其巨大的冲击力会给人们带来意想不到的伤害。

马路上玩轮滑，危险真挺大

12岁的琴琴，特别喜欢轮滑，小区里、广场上，甚至在马路上，经常能看到她玩轮滑的身影。

这天放学后，琴琴一出校门，就将轮滑鞋从背包里拿出来换上。她不顾来往接送孩子的车辆，见空就钻，不断在道路上滑行。就在琴琴准备一个冲刺穿过马路时，因为躲闪不及，与一辆红色轿车的侧面来了个"零距离接触"。琴琴瞬间倒地，额头和胳膊都受了伤。路过行人赶紧拨通了120电话，很快，琴琴被送往了医院。

危险早知道 ⚠

⊙玩轮滑，一不小心，很容易滑倒摔伤。

⊙在车流密集的马路上玩轮滑，特别容易和行驶中的车辆发生碰撞，十分危险。

爸爸妈妈说

◆玩轮滑，有益于身体健康，但不能将轮滑当作交通工具。

◆在车流密集的马路上玩轮滑，对自身和行人都有一定的危险性。

◆在小区内的人行道上玩轮滑，也容易因躲避他人而摔倒，或者撞到别人。

正确的做法 ✓

★严格遵守交通规则，不要在马路上玩轮滑。

★尽量在广场或空地上玩轮滑。

★玩轮滑时，要随时注意和观察来往的行人，做到提前躲避。

安全小贴士

即使在车流量较少的马路上玩轮滑，也是很危险的，很容易为交通事故的发生埋下隐患。

遇到抢劫要冷静

中午放学后，小江独自回家，在经过一个偏僻的停车场时，突然被五名社会青年叫住，索要1000元。小江害怕极了，只好求饶。几个青年见他身上没多少钱，于是要求他凑齐1000元，第二天带给他们。他们威胁小江说，不能告诉家人，否则见他一次打他一次。小江不敢告诉父母，偷偷地将父母抽屉里的1000元拿走了，并在第二天交给了那几个青年。

几天后，小江的父母发现钱少了。在父母的逼问下，小江才说出了实情。随后，这些人又开始勒索小江，小江便将事情告诉了父母，他们立刻向当地派出所报案，并最终将那几个青年绳之以法。

危险早知道

⊙抢劫是一种非常严重的犯罪行为。

⊙抢劫很容易转变成伤害、凶杀等恶性案件。

爸爸妈妈说

◆遇到抢劫要冷静，寻机跑向人多的地方后，大声呼救。

◆保护自己的生命安全最重要，千万不要跟抢匪硬碰硬。

◆如果抢劫者是你的同学，或是你认识的外校学生，要及时向老师报告。

正确的做法 ✓

★尽量不走自己不熟悉的路，最好与同学结伴同行。

★在自身没有受到危害的情况下，应做暂时的妥协，放弃财物。

★即使别人威胁你不要报警，等自身安全后，也要和家里人、老师说，并报警。

★尽量记下抢劫人的体貌特征、逃跑方向等，尽快报警。

安全小贴士

遇到抢劫，一定要沉着、机智，选择正确的方法寻求自我保护和帮助。

放风筝，远离空中电线

强强是一个放风筝高手，小伙伴们都甘拜下风。一天，放学回家后，强强和几个同学来到一块空地放风筝。迎着风的方向，几个风筝很快飞上天空，风筝越飞越高。他们不断扯动着、欢呼着。

忽然刮起一阵大风，一个小伙伴的风筝线断了。风筝很快被刮跑了，最终落在了一处电线上。强强等人找来了木杆，想将风筝挑下来。在强强刚碰到风筝的时候，他就被电伤并很快晕了过去。最终的检查结果，强强全身四度烧伤，四肢的肌肉神经出现了局部坏死。

危险早知道 ⚠

⊙ 如果风筝绕在了电线上后再挂上相邻的电线，将会导致短路，引发大面积停电。

⊙ 由于一些风筝制造时使用了金属丝，一旦搭上了电线，人就有触电伤亡的危险。

爸爸妈妈说 ✿

◆ 放风筝，一定要去空旷、开阔且远离电线的地方。

◆ 万一风筝线缠在电线上，不要自己去拿。

◆ 当风筝缠住电线后，用竹竿等物敲打电线，会产生很大危害。一旦电线落向地面，人就有被电击的可能。

正确的做法 ✓

★要有安全意识，绝不在电线附近放风筝。

★如果小伙伴的风筝缠在电线上，要及时拨打 95598 供电
服务热线求助。

安全小贴士

放风筝的时候，如果风
筝挂在了电线杆上，应该立
即报告有关部门前来处理。

在铁轨上玩不安全

　　因为对火车很好奇，小静当天放学后，便和三个好友相约去看火车。她们几个先是走到临近铁路的一处护坡坡顶看了一会儿火车，然后一同穿过铁路附近护坡上的工作门，进入铁路，穿越隧道。

　　当她们正在铁轨上玩的时候，一辆火车疾驰而来。最终小静因躲避不及，被火车碾压身亡，而其他三个女孩躲过一劫。她们都没有想到，这场观看火车的"约会"，最终会以如此残酷的场面结束。

危险早知道 ⚠

⊙在铁轨上玩耍，当不远处响起列车的轰鸣声时，情况就十分紧急了。

⊙铁路接触网是有电的，攀爬铁路就有可能会触电。

⊙一旦火车突然驶来，哪怕看到列车，也极有可能避之不及，后果不堪设想。

爸爸妈妈说

◆到铁轨上玩耍，这是非常危险的行为。

◆千万不能攀爬、钻越铁路防护栅栏、围墙。

正确的做法

★不要擅自进入铁路防护网。

★不要在铁路线上行走、坐卧、玩耍。

★不要在铁路钢轨上置放道砟等障碍物。

安全小贴士

　　高速运行的列车是非常危险的，千万不要去铁路附近逗留、玩耍。

在工地玩耍，易发生意外

　　放学后，小星约了两名同学，走进了一处没有遮挡物的建筑工地。在建筑工地内，他们发现地上有许多瓶装干粉灭火器。看到瓶口有导线，其中一人掏出打火机，点燃了这条导线。随后，灭火器爆炸，小星的手和腿被炸得血流不止。

　　经过医生诊断，小星右手虎口爆炸伤，拇指尺侧固有神经断裂，拇指尺侧固有动脉断裂，拇指对掌肌断裂。这次伤害，不仅给小星带来严重伤害，也给其家人带来了心灵的伤痛。

危险早知道 ⚠

⊙工地施工环境比较复杂，稍有不慎，很容易发生摔伤、溺水、触电、火灾等一些无法预测的危险。

⊙如果被掉落的东西砸到，可能会导致伤亡。

爸爸妈妈说

◆工地是很危险的地方，不是小朋友的游乐园！

◆有的工地，既没有围栏，也没有任何安全警示标识，坚决不要靠近。

正确的做法 ✓

★不要进入工地，也不要在工地附近玩耍。

★如果发现小伙伴进入工地，还不听劝，要及时告诉老师和家长。

安全小贴士

如果必须经过施工工地，要按照工地的安全标识，走安全通道，并快速通过。

雨天蹚水，可不是闹着玩的

叮铃铃，随着一阵铃声响起，又到了放学的时间。此时，外面下起了很大的雨。有的孩子被家长接走了，有的孩子结伴回家。南南和小蓝穿着水鞋，打着雨伞，一同走上回家的路。

马路上，一些地方积了很深的水。南南和小蓝出于好玩的心理，专门走水深的地方，还不时用力跺几脚。走着走着，忽然哐当一声，南南脚下踩空，身体陷落，周围的雨水漩涡般涌来。小蓝被眼前的一幕吓傻了。在这千钧一发之际，一个路人一把将南南拽了出来，南南也因此得救。

危险早知道 ⚠

⊙雨水中含有大量细菌，蹚水可能引发脚部皮肤病。

⊙在马路的深水区蹚水，容易掉入下水道井，发生人身伤亡。

爸爸妈妈说

◆下雨天，不要在积水中嬉笑打闹、互相泼水。

◆路遇积水，一定要慢行，靠人行道内侧行走。

◆一定要远离路上有大面积积水或漩涡的地方，要警惕水坑、井盖，绕行地势高的地方。

◆为安全起见，要特别注意脚下，对于情况不明的路段一定不要行走。

◆下雨天，要走地势高的道路，尽量避开机动车和非机动车。

◆远离老旧建筑物、广告牌，以防建筑物倒塌。

◆远离山坡，雨很大时可能会出现泥石流、山体滑坡等灾害。

◆远离地下人防工程、地下商街、过街隧道等。

正确的做法 ✓

★路遇积水，尽量避行，避免蹚水玩。

★如果看到有人掉入窨井，一定要大声呼救。

安全小贴士

雨天蹚水通过，一定要观察积水内有没有电线落入，避免水体导电发生触电事故。

雨天行走，小心触电

　　一场骤雨，在临近放学的时候下起来。放学后,雨渐渐小了,同学们陆续走出了学校。爸爸用肩膀和脸部夹住雨伞，给全全披上雨衣后，两人便有说有笑地回家了。

　　大雨过后，马路上有些凌乱。很多树木被刮断了，满地的枝叶。有些广告牌被刮得东倒西歪，摇摇欲坠。走到一个积水区，爸爸将全全背起来，想蹚过去。可刚踏进水里，父子俩便很快倒了下去。原来此处电线杆上的电线被刮断，正好掉入水坑处。尽管路人积极施救并将两人送入医院，但父子俩再也没能醒过来。

危险早知道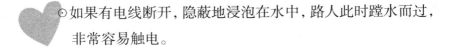

⊙雨天，电线漏电的可能性变大，容易发生意外事故。

⊙如果有电线断开，隐蔽地浸泡在水中，路人此时蹚水而过，非常容易触电。

爸爸妈妈说

◆不在紧靠供电线路的高大树木或大型广告牌下停留或避雨，不触摸电线附近的树木及各种金属架子。

◆选择没有积水的路段行走，如必须蹚水通过，一定要确认积水内没有电线落入。

◆万一电线恰巧断落在离自己很近的地面上，别惊慌，可以以单腿跳的姿势跳至 8 米以外。

正确的做法 ✓

★下雨天行走，要绕开路灯杆、电线杆等带电设施。

★如果发现电线落在地上，应提醒其他行人别靠近。

★发现电线断落在地面上，应及时拨打95598电话，通知供电部门紧急处理。

安全小贴士

发现有人在水中触电倒地，不要急于靠近搀扶，否则不但救不了别人，还会导致自身触电。正确的做法是及时呼救。

扶老人防遭讹诈

　　放学后，明明、小杰和小亮一同回家。在途经一个路口的时候，一位拄着拐杖的老人突然摔倒并受伤,他们赶紧上前扶起老人。谁知这一扶，却扶出了大问题。被扶老人紧紧抓住他们，说是他们踢倒了拐杖，才导致她摔伤的。

　　万般无奈之下，明明三人只好选择报警求助。民警迅速调取了当时该路段超市的监控录像。在监控中，这名老人当时走在学生的前面，学生和她之间没有任何肢体上的接触。也就是说，这位老人是自己摔倒的，并非像她所说的被学生踢倒拐杖后摔伤的。

危险早知道

⊙被讹诈，心灵会受到伤害。

⊙遭受这种讹诈，有可能会毁掉孩子的一生。

爸爸妈妈说

◆若遇老人摔倒，应该伸出援助之手，但要讲究方法。

◆如果老人神志不清，我们不要随意搬动老人，要等待120 急救人员过来。

◆送老人回家的事情，一定要求助警察。

正确的做法

★在做好事的时候，一定要保护好自身安全。

★对于有外伤或昏迷的老人，赶紧打 110 或 120 电话求助。

安全小贴士

    帮助别人的时候，要讲究方法，一定要先保护自己的合法权益不被侵害。

课间室内安全篇

 KEJIAN SHINEI ANQUAN PIAN

别把椅子当马骑

课间，明明坐在椅子上，玩起了最喜欢的"骑马"游戏。"驾！驾！"明明骑在椅子上，用身体的起伏使椅子移动。"哒哒哒"，椅子也发出奔腾的声音。

同学小等见此劝道："明明，你在做什么？"明明回答说："我在骑马呢！" 小等说："你这样很容易摔跤的！" 明明不以为然地说："不会的，这个很结实！"

突然，咔嚓一声，一个椅子腿断掉了，明明重重地摔到了地上。一时间，引来全班的哄笑。

危险早知道 ⚠️

○骑椅子玩，一旦坐不稳，容易摔倒受伤。

○如果椅子损坏，说不定还有生命危险呢！

爸爸妈妈说

◆椅子是学习生活的好伙伴，要爱护它，别把椅子当马骑哦。

◆椅子是用来坐的，骑在椅子上玩，是一种不恰当的行为。

正确的做法

★不要把椅子当马骑。

★遵守学校规定，学会爱护物品。

安全小贴士

正确使用椅子，养成良好的习惯，同时也要注意安全。

偷拉椅子易磕伤

小袁和小杨是同班同学。一天上午，在一节音乐课结束时，老师说了声下课，同学们都立即起立。看着前排站立的小杨，小袁突然起了恶作剧心理，将小杨的椅子偷偷抽开。小杨在毫无防备的情况下坐了下去，结果一下子坐到了地上，后脑撞到了椅面的边缘。随即，小杨感到脑部一阵剧痛，而后还出现了恶心、头痛的症状。

情况危急，小杨被送往医院。经诊断，小杨头部右侧枕叶可见一小斑片状低密度影，最终被确诊为脑挫裂伤，在医院住了好一阵。

危险早知道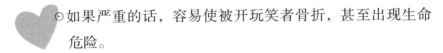

⊙抽拉椅子，容易导致双方矛盾，也容易出现摔伤、磕伤。

⊙如果严重的话，容易使被开玩笑者骨折，甚至出现生命危险。

爸爸妈妈说

◆故意抽别人的椅子，这是不道德的行为，要避免和同学开这种玩笑。

◆耽误上课是小事，伤害了身体才是一辈子的大事啊！

正确的做法 ✓

★要与同学友好相处，坚决不搞危险的恶作剧。

★遇到同学搞危险的恶作剧，要敢于制止。

安全小贴士

校园里的恶作剧，会给同学们的学习和生活带来危害。

擦玻璃要小心

　　一天，乐乐的妈妈正在吃午饭。忽然，乐乐的班主任打来电话，说乐乐从教学楼上摔下来了，正送往医院抢救。乐乐一家人迅速赶到医院。此时的乐乐躺在急救室，他头部严重受伤，已经昏迷不醒。

　　听同学们说，当日午饭后，班主任安排学生打扫教室。打扫卫生时，乐乐站在窗台负责擦玻璃，却不想突然就摔了下去。随后，他被送进医院抢救，后被送进神经外科重症监护室。尽管医生尽了最大努力，但乐乐最终还是没有醒来。

危险早知道 ⚠

⊙玻璃易碎，擦玻璃时，存在被划伤、砸伤的可能。

⊙擦玻璃时，一不小心坠落，多数是致命的。

爸爸妈妈说

◆擦玻璃时一定要注意安全，不要用力过猛，当心别弄碎玻璃被划伤。

◆小孩子不能擦家里或者教学楼高处的玻璃，太危险。

正确的做法 ✅

★擦玻璃时，不要把身体大部分露出窗外。

★不擦高层楼房的玻璃，即使擦低层窗户的玻璃，也要做好保护措施。

擦玻璃时，一定要做好安全防护措施，这样才能将事故发生概率降到最低。

被烧的涂改液会爆炸

一天下课，欢欢不知从哪儿找来了一个打火机，还用它烧涂改液的瓶子。随着嘭的一声响，涂改液瓶爆炸了。一时间，涂改液全都喷在了欢欢的身上，并燃烧起来。

同学们都吓坏了。危险时刻，有同学赶快端来一盆水，从欢欢头顶浇了下去，然而火苗并未熄灭。此时，老师跑了进来，用厚衣服直接蒙住了欢欢，火苗才最终熄灭。而后，欢欢被紧急送医，经诊断，欢欢被烧伤面积达 15%，属于二度烧伤。

危险早知道 ⚠

⊙涂改液本身是有可燃性的，遇火会爆炸。

⊙不慎点燃涂改液，发生爆炸，人容易被烧伤。

⊙如果涂改液起火引燃了其他易燃物，很容易造成更大的伤害。

爸爸妈妈说

◆小孩子玩打火机就够危险了，用火烧涂改液，那就更危险了。

◆涂改液还是危及学生健康的"慢性杀手"，偶尔使用一下没什么大危害，但不能长期大量使用。

正确的做法

★最好不使用涂改液。

★使用涂改液时，一定要远离火源。

安全小贴士

涂改液属于易燃易爆物品，一旦涂改液起火，用水灭火无效。可用灭火器进行灭火，也可用砂土、被子等将火扑灭。

拿笔打闹要当心

第二节课下课后，小天与同班的几个同学打闹起来。上课铃响了，他们还意犹未尽。小天原本想把课本扔向其他同学，却无意中砸中了女同学小思，小思捡起课本又扔了回来。小天被砸很生气，他一把抓起课桌上的铅笔，对准小思一"射"。"哎哟！"小思叫出声来，用双手捂住了左眼，并哭了起来。

老师进教室后，看见小思在哭，发现她的眼皮被轻微扎伤，好在没有伤到眼球。老师严厉地批评了小天，并告诉他用笔打闹的严重危害。小天向老师承认了错误，并向小思道了歉。

危险早知道

⊙一不小心，就可能被铅笔扎伤。

⊙一旦铅笔戳中眼睛，很容易失明。

⊙眼睛被扎伤后，如果延误治疗，会造成更严重的后果。

爸爸妈妈说

◆在教室嬉戏打闹，不要拿笔当"武器"，很容易发生意外伤害。

◆用笔一定要注意安全，千万别伤害到同学。

正确的做法 ✅

★不要在教室里嬉戏打闹。

★平时学习时，不要将铅笔有尖的一端对着自己和同学。

★玩耍时，不要将铅笔之类的有尖物品投向同学。

安全小贴士

在使用圆规、笔等文具用品时，不要进行打闹和抢夺，以免造成意外伤害。

教室门后勿躲藏

上完体育课，然然便和几个同学打闹起来。在回教室的路上，他们你追我赶，很是开心。然然跑得比较快，一进教室，他就藏在了敞开着的门后。

很快，几个后追过来的同学，争先恐后地向教室跑来。小胖最先挤进门口，后面的几个同学一推小胖，小胖的身体瞬间砸向了教室门。"啊……"随着一声凄惨的叫喊，大家都吓了一跳。他们反应过来时，才看到然然在门后。此时的然然，脸色煞白，鼻子鲜血直流，一副痛苦的样子。

危险早知道 ⚠

⊙教室门后藏人，容易被挤压，轻者外伤，重者内伤。

⊙猛地关教室门，存在撞伤或者夹伤同学的危险。

爸爸妈妈说

◆面对看似没有危险的教室门，也是需要小心的，一个疏忽，就可能酿成伤害。

◆猛烈撞击教室门，也可能造成门玻璃破碎，出现被划伤的情况。

正确的做法 ✓

　★不在教室门处打闹，不猛烈地推门和关门。

　★不在教室门后躲藏，避免因不知情同学挤门而受伤。

安全小贴士

　　　　在门后躲藏时，任何的猛推门、挤门等动作，都容易使自己和别人遭到伤害。

摔下课桌危险大

　　大国是一个很顽皮的孩子，总喜欢恶作剧。这天，语文课下课后，大国便和几个同学玩起游戏来，并规定谁输了就要被恶搞。

　　几轮游戏下来，虎子输了。大家便抓胳膊、抬腿，将很重的虎子抬到了课桌上，还有人顺势挠虎子痒痒。虎子极力挣扎后，众人散去。还没等虎子反应过来，课桌瞬间发生了倾倒，虎子也顺势摔了下来，脑袋撞到了地上。这一下，虎子只感觉眼冒金星，头部很痛，后来还出现头晕及呕吐的情况。经过检查，医生发现虎子视神经受到损伤。经过一段时间的治疗，虎子才完全恢复正常。

危险早知道 ⚠

⊙如果课桌倾倒，很有可能出现砸伤人的情况。

⊙攀、蹬课桌或者将人放到课桌上恶搞，极可能发生严重
摔伤或危及生命的情况。

爸爸妈妈说

◆在教室里，要爱护课桌等学习用品，做遵守校纪的好学生。

◆要培养良好的安全意识，杜绝恶作剧心理，不在课桌上
打闹。

正确的做法 ✓

★不在教室内打闹，不做过头的恶作剧。

★遇到有同学攀、蹬课桌或者将人放到课桌上恶搞，要及时劝阻。

安全小贴士

当攀、蹬书桌或者被人放到书桌上时，很容易发生侧翻和摔落，造成不可估量的伤情。

乱扔书，易伤人

　　下午上自习课，小平觉得有些累，就支撑着头小睡。小平刚睡了一会儿，一本书就飞了过来，正好砸在他的眼睛上。"哎哟！"小平瞬间发出一声惊呼。扔书的小江和小涛见此场景，不觉间发出一阵惬意的笑。可是小平趴在书桌上半天也发不出声音来，这下可把他俩吓坏了。

　　原来，书本砸在了小平的眼睛上。因为有些严重，同学们立即喊来了老师，老师立即通知了小平的家长，并及时把小平送到医院。医生诊断小平为左眼球钝挫伤、左眼角膜上皮划伤、视网膜挫伤。后来，小平出院了，但视力却没能完全恢复。

危险早知道 ⚠

⊙把控不住扔东西的力度，可能会砸伤同学。

⊙在教室内投掷东西，隐藏着无法预估的危险。

爸爸妈妈说

◆学习生活中，一定要有安全意识，课上安心学习，课下不乱打闹，要严格遵守教室秩序。

◆教室的空间有限，又摆满了桌椅，在教室里乱投掷物品，稍有不慎就会出危险。

正确的做法 ✓

★书可不是玩具，不要拿书随便砸人。

★遵守教室秩序，做一个守校纪、爱学习的好孩子。

安全小贴士

在教室时，一定要遵守教室秩序，杜绝没有底线的打闹，不对自己、他人的人身和教室设施造成损害。

不要惊吓别人

　　奇奇和默默是同桌，两个人平时总爱打闹。一天，默默的课上作业没有完成，他就在课下抓紧完成。看到默默专注认真的样子，奇奇忽然计上心来，他要吓一吓这个"老对手"。

　　趁默默不注意，奇奇悄悄地走到默默的身后，忽然大喊一声，吓得默默本能地一阵惊颤，而后就瘫坐在椅子上。默默缓过来后，非常恼怒地冲奇奇嚷了起来。因为这次惊吓，默默出现了发烧、惊悸的状况，而且很长一段时间总是做恶梦，身心受到很大的伤害。

危险早知道 ⚠

⊙突然地惊吓同学，很可能导致双方出现严重矛盾，甚至打架。

⊙忽然的惊吓，容易给他人造成身心伤害，如出现持续的惊悸、恐慌等。

⊙个别人因为受到惊吓，还可能出现严重的心理疾病。

爸爸妈妈说

◆好的同学情谊，需要用好的方式去维护，切忌做出出格的事情。

◆与任何同学玩闹，都要避免用惊吓的方式，这可能会给对方带来无法治愈的心理创伤。

正确的做法

◆不在别人专注做事情的时候惊吓别人。

◆当你看到有同学打算吓唬别人，要及时阻止。

安全小贴士

吓唬别人，有时候会造成对方出现心理问题，对其身心造成不可挽回的伤害。

课间室外安全篇

 KEJIAN SHIWAI ANQUAN PIAN

猛跑易摔伤

一下课，因为内急，牛牛快速地跑向了卫生间。此时，已经有别的班级学生进入了卫生间。牛牛刚一冲进卫生间，由于地面湿滑，瞬间失去了平衡，整个人摔倒在地上。而前面的同学，因为受到牛牛跑进时的冲撞，也摔倒了。一时间，牛牛胳膊摔伤了，动弹不得，而那个学生则头部撞到了墙上，立马起了一个大包。因为这次摔伤，他们俩都被送到了学校附近的医院。

危险早知道 ⚠

⊙在卫生间，很容易出现因滑倒而摔伤的事情。

⊙集中如厕，可能导致秩序混乱，或者出现打架事件。

爸爸妈妈说

◆上卫生间后，要把手洗干净，一定要讲究卫生。

◆去卫生间，一定要小心地面湿滑，不猛跑，不拥挤，安全是第一位的。

正确的做法 ✓

★要做到文明如厕，排队不拥挤。

★在卫生间，也要注意安全，如注意地面、台阶湿滑情况，别被卫生间门夹伤等。

★上完卫生间，一定要冲水。

安全小贴士

卫生间地面湿滑，有时候人也多，跑着去卫生间，特别容易发生摔伤自己和撞伤别人的事情。

别把扶手当滑梯

笑笑是个非常淘气的学生,无论做什么,都喜欢玩出点新花样。

他发现楼梯也是倾斜向下的,似乎和滑梯一样。他一时突发奇想,双手抱着楼梯扶手,整个身子趴在了扶手上,一松手,一下子就滑到了底下。笑笑心想:"这太好玩了!"

当笑笑再一次爬上扶手的时候,由于没掌握好平衡,一下子从上面摔了下来,把额头磕伤了,鼻子也流了血。在学校卫生室,医生给他处理了伤口,并严肃地告诉他:"以后千万别再玩楼梯扶手了,多危险啊!"

危险早知道 ⚠

⊙把楼梯扶手当滑梯玩，没掌握住平衡，一不小心就会摔伤。

⊙一旦被卡在扶手夹缝中，有时候是致命的。

爸爸妈妈说

◆为了自己的生命安全，别拿楼梯扶手当滑梯。

◆当别的小朋友滑楼梯扶手时，一定要阻止并向老师报告。

◆将自己整个人靠在楼梯扶手上也是很危险的。

正确的做法 ✓

★要有安全意识，绝不拿楼梯扶手当滑梯玩。

★一旦发现别的小朋友在楼梯扶手上滑滑梯摔伤了，要及时给予帮助。

安全小贴士

当自己被楼梯扶手卡住手、脚或其他部位时，切勿生拉硬拽，以避免造成二次伤害,应及时拨打消防电话，或找专业技术人员进行救助。

走廊里打闹，容易撞伤别人

小西是班里的数学课代表，一天下午，他去隔壁班抄写老师布置在黑板上的作业，抄写完后，他就急匆匆地从隔壁班走了出来。这时，同班同学小麦和另外一个同学正在走廊里打闹，并从走廊一端快速向小西这边奔跑过来。小西刚走出隔壁班门，正好与小麦发生了碰撞。小西被撞倒受伤，并被送往医院治疗。

经医生检查，小西因跌伤致左侧桡骨远端粉碎性骨折。因为这次撞伤，小西不得不进行手术治疗。

危险早知道

⊙ 在走廊里追逐打闹，特别是在转角处，很容易与人相撞，发生撞倒、摔伤。

⊙ 在走廊里横冲直撞，很可能带来更大的危险和意外。

爸爸妈妈说

◆ 课间要文明休息，在走廊里"疯玩"很不文明。

◆ 在走廊里跑，由于受空间的限制，一旦遇到危急情况，很难躲闪。这就危险了！

正确的做法 ✓

★不在走廊里嬉戏打闹。

★在走廊里尽量循序而行，保持安静。

走廊是公共场所，又比较狭窄，来往的人特别多，如果在这里打闹、跑跳，会发生各种意想不到的危险。

远离危险游戏

课间操后，李建等几个同学在操场上疯跑打闹，玩起了叠罗汉游戏。大家你追我，我追你，玩得不亦乐乎。胖墩因为有些肥胖，跑得慢，总是第一个被别人逮住，成为叠罗汉游戏中最底下的那一个。

轮到胖墩抓人了，当他最先抓到李建后，直接将李建扑倒，利用沉重的身体直接将李建压得动弹不得。紧接着，第二个、第三个、第四个、第五个、第六个同学相继压上来。"啊！别压我了，我不行了！"李建大喊，但大家像没听见一样。直到李建大哭不止，大家才起身。因为这个游戏，李建的肋骨断了两根，并在医院治疗了很长时间。

危险早知道 ⚠

⊙玩叠罗汉游戏时，如果没轻没重，很容易发生肋骨骨折、压坏胸椎等情况。

⊙玩叠罗汉游戏，还存在导致人窒息死亡的风险。

爸爸妈妈说

◆游戏有时也会伤害人，尤其是很多小孩子不懂得轻重，很容易导致他人受伤。

◆每个人的身体素质是不同的，很多孩子由于身体差，在玩叠罗汉游戏时，很容易出现致命危险。

正确的做法 ✓

★能分辨什么是危险游戏，要杜绝玩危险游戏。

★遇到有人玩危险游戏，要及时阻止并向老师报告。

★不模仿电影、电视中的危险动作和情景。

安全小贴士

在课间，应避免为了一时刺激，而无所顾忌地玩危险游戏，这可能会给自己和他人带来严重伤害。

翻围墙太冒险

小曦最近半年成绩下滑，整个人也对学习没有了兴趣，逃课也成了家常便饭。老师虽然批评了他几次，但他仍然我行我素，一副无所谓的样子。

这天下午，小曦趁着课间跑到了学校围墙下，等同学们都去上课了，他便开始翻墙逃课。就在他刚爬上围墙的时候，忽然一个声音传来："谁？下来！"听到有人喝斥，小曦顾不得墙高，一下跳到了墙外。但是由于匆忙跳下，他的腿脚没有落稳，脚脖子一下子崴了。

学校通报批评了小曦逃课事件，他还在全校师生面前做了检讨。

危险早知道

⊙攀爬围墙，一不小心可能会摔伤身体。

⊙如果翻围墙失手，还可能出现严重摔伤，甚至付出生命的代价。

⊙在学校外游逛，容易被坏人盯上甚至遭到伤害。

爸爸妈妈说

◆无视校规、校纪，是要受处分的，还要被通知家长。

◆如果翻墙去校外玩，不仅耽误个人学习，还可能染上不良习气。

正确的做法 ✓

★不随意攀爬校园围墙，不逃课。

★面对逃课的问题，要敢于承认，检讨自己并积极改正。

★看见别的小朋友攀爬校园围墙，要及时劝阻并向老师
报告。

安全小贴士

攀爬围墙逃课，不仅容易摔伤，到了校外，还有可能被不法分子伤害。千万别掉以轻心！

玩单双杠，不逞能

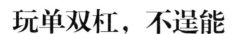

体育课后，孙波和几个同学玩起了单双杠。其中，有个同学能在单杠上连续做 20 多个引体向上，这让其他几个同学很是羡慕，都纷纷跃跃欲试。孙波也不甘人后，但他刚做了几个就歇菜了。

在玩双杠的时候，自称"双杠小王子"的米乐，连续在上面做了几个漂亮的动作。"单杠我不行，在双杠上，我分分钟秒杀你们。"听见米乐这么说，孙波有些不服气，也要做个超难动作。就在他准备做动作时，一个不小心从上面摔了下来，导致全身多处骨折。很快，孙波被送往了医院。

危险早知道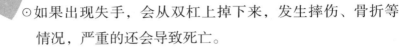

⊙在玩双杠时，如果没提前活动好，或者动作姿势不对，很容易拉伤肌肉。

⊙如果出现失手，会从双杠上掉下来，发生摔伤、骨折等情况，严重的还会导致死亡。

爸爸妈妈说

◆玩双杠时，切忌尝试危险动作，这是在拿自身安全做赌注。

◆从双杠上往下跳，应该前脚掌先着地，然后是整个脚掌，腿部要保持微微下蹲的姿势。

正确的做法 ✓

★玩双杠，须将四肢等彻底活动开，不做超出自己能力的动作。

★由于双杠高度较高，必须掌握一定的基础动作后才能操作。

★肌肉过度用力，会产生酸痛，因此，最初玩双杠时不宜时间过长。

安全小贴士

双杠，蕴藏着极大的危险。正确使用，可以使我们强身健体；如果不注意安全，后果会很严重。

从楼窗抛物最可怕

体育课马上开始了，国猛忽然想起忘带篮球了，就迅速跑向了教学楼。他想到大国因身体不舒服，这节课没去，决定让大国把球从楼上扔下来。

"大国，大国，把我篮球扔下来！"大国听到后，拿到篮球从三楼上扔了下来。就在球快落地的时候，两个女同学恰好从楼下经过。篮球落地后，又来了一个反弹。球不偏不倚，正好弹射在一个女同学的脸上。"啊……"随着一声尖叫，女同学捂着脸蹲到了地上。不一会儿，女同学的脸就肿了起来。因为这件事情，国猛和大国被全校通报批评。

危险早知道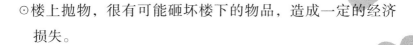

⊙ 楼上抛物，很有可能砸坏楼下的物品，造成一定的经济损失。

⊙ 从楼上抛物，还非常容易砸到人，有可能造成严重砸伤，甚至致人死亡。

爸爸妈妈说

◆ 对于楼上抛物，绝不能有松懈和无所谓的心态。

◆ 平时走路时，要多注意观察周围环境，尽可能远离危险地带。

正确的做法 ✓

★要能够明白高楼抛物的危险性，严禁做出此类行为。

★看到有人高楼抛物，要及时劝阻；遇到楼上有物品要掉落，要呼喊楼下的人赶快躲离。

安全小贴士

从楼上抛物，是一种不文明的行为，而且会带来很大的危险，有可能导致伤亡事件的发生。

下楼梯狂跑，小心摔倒

课间休息时，小明与淘淘准备下楼。小明跑在前边，淘淘跑在后边。到了楼梯处，小明三步并作两步地快跑下去，淘淘也不甘示弱，紧紧追在后面。

就在快要跑到一楼的时候，小明一下子失去了节奏，瞬间扑到了地上，一时哭了起来。淘淘追上后，也害怕了起来。只见小明裤子磕破了，膝盖出现了淤青，两个手掌也搓破了皮。

在校卫生室，医生检查了小明的伤情，所幸没有大碍。医生马上对小明的伤进行了消毒处理。

危险早知道 ⚠

⊙在楼梯上跑动，一旦有闪失，很容易出现摔伤、跌伤。

⊙如果出现从楼梯上滚落的情况，极容易出现致命伤情。

爸爸妈妈说

◆上、下楼梯，不奔跑，不推不挤，才能保证安全。

◆上、下楼梯的时候，要尽可能地靠右行，这样可以避免自己和他人相撞。

◆上、下楼梯时，要注意与他人的距离，不要拥挤。

正确的做法 ✅

★上、下楼梯要专心，有秩序地一步一步走。

★遵守规则，上、下楼梯靠右行。

★不要在楼梯上追逐打闹。

★上、下楼梯，要懂得谦让。

安全小贴士

上、下楼梯时，应注意安全，不宜跑动，更不宜在楼梯上打闹，免得防碍别人上、下楼梯，或者造成摔伤。

切忌用清扫工具打闹

初冬，下了一场大雪，校园里到处一片白茫茫。在老师的组织下，同学们拿起铁锹、扫帚等，来到操场上进行大除雪。

"哇！雪后真是太美了。"最先来到操场的璐璐高兴地说道。捣蛋鬼磊磊趁璐璐不注意的时候，将一把雪塞到了璐璐的脖子里，璐璐马上奋起反击，他们互相打起了雪仗。见打不过，璐璐拿出了"杀手锏"——扫帚。在磊磊陶醉在胜利的喜悦之中时，璐璐冷不丁给了他一扫帚。"哎呀！"磊磊一声尖叫，马上捂着脸和脖子，一副痛苦的神情。由于被扫帚抽打到，磊磊的脸和脖子上出现了划伤。

危险早知道

⊙用清扫工具打闹，可能会导致划伤、抽伤，给他人造成一定的伤害。

⊙稍不注意，也容易伤害到对方的要害部位，造成不可逆的永久性创伤。

爸爸妈妈说

◆同学之间开玩笑或者打闹要适度，不要因一时冲动而使用清扫工具敲打对方。

◆扫除时，不要和同学打闹，以免因为摔倒等而出现工具伤人的事情。

正确的做法 ✓

★在学校里，可以玩打雪仗，但不能有过火举动。

★清雪时，要避免打闹，更要杜绝使用除雪工具打闹。

安全小贴士

　　用清扫工具打闹，自己感觉没用力，但极有可能因为失误或失手，而戳伤、划伤和打伤别人。

不踢"疯狂的足球"

下课后，凡凡和几个同学准备去足球场踢足球，到了那里一看，已经没有地方了。他们几个一商量，决定到教学楼下的一块空地去踢球。

虽然地方不大，凡凡等几个同学却玩得特别高兴。就在这时，接到一个同学的传球后，凡凡一个大脚抽射，足球彻底偏离了目标，直直地飞向了教学楼。"啪！哗啦！"教学楼的玻璃被一下击碎了，而楼内的学生也被这突发的意外情况吓了一跳。因为闯了祸，凡凡几个同学被罚了站，并赔偿了损失。

危险早知道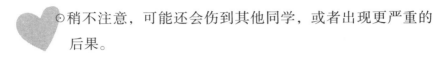

⊙在靠近教学楼的地方踢足球，很容易打碎楼里的玻璃。

⊙稍不注意，可能还会伤到其他同学，或者出现更严重的后果。

爸爸妈妈说

◆踢球前，要选择合适的鞋子，防止自己受伤。

◆要戴上护腿板、护踝、护肘等护具，以更好地保护自己。

◆千万别在人多的地方踢球，以免出现球伤人的情况。

正确的做法 ⊘

★踢足球，一定要选择足球场，或者远离教学楼的空旷场地。

★踢球时，要注意踢球方向，要观察附近行人。

校园饮食安全篇

XIAOYUAN YINSHI ANQUAN PIAN

吃不明野果易中毒

"老师，我肚子好痛！""老师，我头痛，想拉肚子！"……一天下午，多名正在上课的学生开始向老师求助，至少有十几人。突如其来的危急场面，让老师意识到情况不妙，急忙把出现不适症状的学生送往医院。经过医护人员的询问和检查，发现这些出现不适症状的学生，都吃过一种青褐色的野果子。

原来，有学生在路上发现一棵树上长满了果子，便摘了一些带到学校，很多学生都吃了。就在吃过后不到一个小时，大家就陆续出现了腹痛、呕吐、腹泻的症状。

危险早知道 ⚠

⊙误食毒野果，多数会出现呕吐、肚子疼等中毒现象。

⊙一旦救治不及，很可能会危及生命。

爸爸妈妈说 🌸

◆野果虽然好看，但不能随便乱吃，一旦误食，很容易出现中毒的现象！

◆食用不明野果，一旦感到身体不舒服，应及时告诉老师，迅速就医，以免耽误病情。

正确的做法 ✓

★任何时候，切忌随便采摘野果吃。

★不认识的野果、不了解来源的野果，都不能轻易吃。

跑后猛喝水，易呛肺

体育课刚下课，小明就跑向教学楼的洗手间，用力拧开水龙头，不停地用手接水扑到脸上，又把头伸向水龙头下冲凉，还把头歪过来用嘴巴接水喝。

正在这时，同学张星走过来，说："刚下体育课,满头大汗的不能冲凉,也不要喝水,会出事的，等休息一会儿，我们到教室喝温水。"小明说："这样凉快，喝几口不会有事的。"张星又说："运动后立马猛喝水会呛肺的！"小明听后，说："喝水还有这么多学问，谢谢你的提醒。"

危险早知道 ⚠

⊙运动后，大量喝水会使血液中盐的含量降低，易发生肌肉抽筋等现象。

⊙运动后马上喝水，很容易引发头疼、呕吐等症状。

⊙大量喝水或者猛喝水，可能使人呛肺，甚至死亡。

爸爸妈妈说

◆运动后，切忌一次性喝过多的水，分次饮用才是正确的方法。

◆运动后，可适当喝一些运动饮料，这有助于缓解疲劳。

◆运动后，不要立即吃饭，以免影响身体对食物营养的吸收。

正确的做法 ✓

★在长时间或者剧烈运动后，要歇一会儿再喝水。

★喝水时，不喝太凉的水，不猛喝水或大量喝水。

★为了身体健康，可以分次饮用，少量喝点淡盐水。

安全小贴士

在运动量不大的情况下，可以立即补充水分，比如散步、伸展运动过后，不过一次不要喝得太多。

果冻卡喉危及生命

　　下课后，小虹和小美吃起了果冻。"给，来点草莓味和牛奶味的，这些好吃。"小虹说着，顺手拿出果冻递给小美。她们一边吃着，一边说着话，还不时地哈哈大笑。

　　忽然，小美的表情瞬间凝固了。因为不小心，一个果冻卡在了小美的喉咙里，吐不出来，也吞不下去。很快，小美的呼吸困难起来，脸色都变青了。小虹吓坏了，急忙去找老师。老师立即将小美送到了医院并通知了小美家长。急诊医生立即组织医护人员对小美进行救治，使用吸痰机将果冻吸了出来，小美也渐渐恢复了知觉。据医生介绍，再晚来几分钟，小美就没命了。

危险早知道

⊙一旦果冻卡在嗓子里，极有可能出现生命危险。

⊙很多小孩吞食果冻，因抢救不及时而窒息死亡。

爸爸妈妈说

◆由于果冻的柔滑性，容易导致其卡住气管，吃果冻时要当心。

◆果冻中食品添加剂较多，从身体健康考虑，每天吃果冻不宜太多。

◆如果发现果冻色泽太浓，可能是添加剂添加过量，应谨慎购买和食用。

正确的做法 ✓

★ 切忌将果冻含在口中玩。

★ 吃果冻时，不要嬉戏打闹。

★ 应避免大口吞咽果冻，严禁吸食果冻。

安全小贴士

吃果冻出现呛咳、憋气时，切忌喝水，一旦水吸入气管，后果将更加严重，应立即去医院。

路边摊可能不卫生

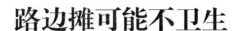

　　早上，12 岁的小亮独自上学，因为在家没吃早饭，他就去路边摊买吃的。"卖炸鸡柳，好吃又有营养！"听着路边摊阿姨的叫卖，闻着炸鸡柳的香味，小亮很快来到摊位前买了一份。他一边走路，一边吃了起来。

　　在上午的课上，小亮突然肚子疼痛难忍，还跑了几次洗手间，简直都快虚脱了。无奈之下，老师送小亮去了医院。在医院，小亮被确诊为急性胃肠炎，属于急性细菌感染。原来，小亮吃的炸鸡柳，根本不是鸡肉做的，而是裹了面粉的其他劣质肉。

危险早知道

⊙一些路边摊小吃，制作环境脏乱差，有的食材也是劣质的。

⊙吃了不卫生的路边摊，可能会导致肚子疼、腹泻，甚至患上更重的病。

爸爸妈妈说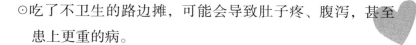

◆有些街边的糖果、果丹皮等零食，包装简陋，甚至没有生产厂家等，很不靠谱，千万别贪嘴！

◆在吃路边摊时，如发现有馊味等情况，应立即停止进食。

◆很多路边摊食品，缺乏良好的卫生条件和市场监管，对健康很不利。

正确的做法 ✓

★到正规商店或饭店购买食品，仔细查看产品标签和生产
日期。

★尽可能不买校园周边、街头巷尾的路边摊食物。

食品安全无小事，尽可能不买路边摊食物，一旦出现意外，得不偿失。

暴饮暴食伤脾胃

　　小可是一名住校生，平时住宿、吃饭，都在学校里。中午，放学后的小可有些太饿了，急忙跑到食堂买了两份"硬菜"和一大份米饭，狼吞虎咽地吃了起来。吃完后，小可顿时没了饥饿感。感觉天太热了，小可又来到商店里买了雪糕和一大瓶冰镇饮料。不一会儿，这些就被小可吃完喝完。

　　下午的课上，小可肚子开始闹起了"脾气"。"咕噜噜，咕噜噜……"他的肚子开始疼痛起来，一时难受极了。此时，他感到胃里翻江倒海，有种要呕吐的感觉。下课后，小可跑到了卫生间，上吐下泻。实在忍受不住，

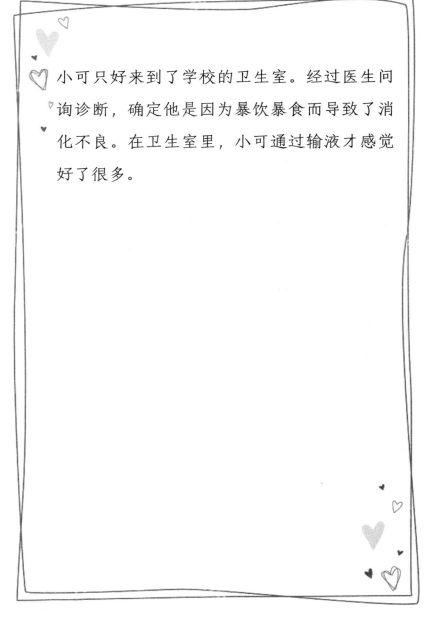

小可只好来到了学校的卫生室。经过医生问询诊断，确定他是因为暴饮暴食而导致了消化不良。在卫生室里，小可通过输液才感觉好了很多。

危险早知道 ⚠

- ⊙吃得过饱，会引起大脑反应迟钝，诱发神经衰弱，容易让人长期处于疲劳状态，昏昏欲睡。

- ⊙暴饮暴食，容易导致胃肠道负担加重、消化不良，甚至可能会破坏胃黏膜，导致胃穿孔、胃糜烂、胃溃疡等疾病。

- ⊙饮食过量对人的泌尿系统不利，因为过多的非蛋白氮要通过肾脏代谢，从而加重肾脏的负担。

- ⊙暴饮暴食，还可能诱发急性胰腺炎、急性胆囊炎等。

爸爸妈妈说

- ◆要学会保护肠胃，做到合理膳食，不吃太凉太热的食物。

- ◆不挑食、不贪食，一顿三餐要按时吃，养成良好的饮食习惯。

- ◆经常暴饮暴食，很可能导致肥胖，不利于自身的健康。

正确的做法 ✅

★吃饭要细嚼慢咽，不吃得太饱太多，要适可而止。

★要注意餐饮卫生，不吃变质的饭菜。

★平时要养成健康的饮食习惯，多吃清淡、易消化的食物，不吃垃圾食品。

★尽可能不喝冷饮，即使喝冷饮，也要避免猛喝和过量喝。

★夏天，多喝一些凉白开会对健康更有益。

★发现肠胃不适，应尽可能及时就医，切勿耽搁。

安全小贴士

暴饮暴食是种不好的生活习惯，会完全打乱胃肠道对食物消化吸收的正常节律，从而引发各种疾病。

应对意外篇

YINGDUI YIWAI PIAN

对校园欺凌勇敢说"不"

图图与同学大宇产生了矛盾，大宇一直想报复。一天，大宇找到了几个玩得比较好的同学，在校园的角落里，一起对图图进行了殴打，并对图图进行了恐吓。

图图被打后,将被打的事情告诉了老师，大宇等几个同学被处罚。因为这事，大宇和几个同学再一次殴打了图图。他们轮流扇图图耳光，还将图图摁到地上一顿踢踹。图图的家长得知后，找到了学校的领导，并选择报了警。因为这次暴力，图图被诊断为轻伤二级，三根肋骨骨折，左肾积水。大宇等同学最终受到了严厉的惩处。

危险早知道

⊙校园欺凌会对孩子学习、身心健康带来负面影响。

⊙受到校园欺凌的孩子，很可能会出现自我伤害或自虐的
　倾向。

⊙经常受到欺凌的学生，很可能长期生活在阴影中。

爸爸妈妈说

◆校园欺凌，易发生在一些弱小而不反抗的孩子身上，所
　以要学会自我保护。

◆远离一些行为不良的学生，尽量不与他们发生矛盾冲突。

正确的做法 ✓

★遇到校园欺凌时，尽量不与对方直接身体对抗，要想办法及时脱身。

★如果在学校受到欺凌，千万别隐忍，要及时告诉老师、家长。

★对严重的校园暴力，应及时请警察来处理。

安全小贴士

面对校园欺凌，要避免硬碰硬对抗，也别一直采取隐忍态度，要及时寻求家长和老师的帮助！

发生地震不慌乱

"有地震！同学们，快撤离教室，别慌，要有秩序。快！"随着于老师的一声令下，同学们以最快的速度冲出教室。虽然教学楼晃得厉害，但是没有任何人惊慌、害怕。在于老师的带领下，同学们很快就跑出了教学楼。

不一会儿，全校所有的老师和同学都安全地撤到了操场上。面对如此快速有序的撤离，校长颇感欣慰地说："多亏学校进行过地震预演，这次学生疏散，秩序比较好，没有一个学生哭喊。上次的地震预演，今天派上用场了！"

危险早知道 ⚠

⊙遇到地震，因惊慌乱跑拥挤，容易发生踩踏事故。

⊙地震时，不注意观察，可能会被掉落的东西砸伤。

⊙来不及逃离，被埋在废墟下，会危及生命。

爸爸妈妈说

◆发生地震不乱跑，要听从老师指挥。

◆遇地震时，不要跳楼逃生。

◆平时应该学习一些地震逃生知识，关键时刻或许可以自保。

正确的做法 ✓

★ 上课时发生地震，如果来不及跑，要迅速抱头躲在课桌下，但要远离窗户。

★ 跑出教室并不代表安全，要迅速跑到空旷的操场，原地不动蹲下，双手保护头部，注意避开高大建筑物或危险物。

★ 地震停止后，绝不能立即回教室，以防余震。

安全小贴士

地震时要就近躲避，地震后迅速撤离到安全地方，是应急避震较好的办法。

发生火灾巧逃生

"着火了，大家赶快离开教室。"随着走廊有人大喊，老师和同学们都感到了紧迫。老师告诉大家，要捂住口鼻，要走楼梯，有序顺着安全出口逃生。

此时的火势不大，在楼道一处逃生必经过的地方，此时冒出了一些浓烟，老师要求同学们以弓着背的姿势行进，不要深呼吸。大家按照老师的要求，有序并快速通过。最终，在这次火灾中，因为做到了及时安全有序撤离，没有出现任何伤亡的情况。

危险早知道

⊙发生火灾，避免惊慌乱跑，以免发生拥挤踩踏。

⊙火灾烟气温度高，在逃生过程中可能会被火灼伤，甚至引火伤身。

⊙一旦遭遇烧伤，特别是较大面积的烧伤，死亡率与致残率相对较高。

爸爸妈妈说

◆突遇火灾，要保持镇静，听从老师安排。

◆遇到火灾，不要慌乱，选择最近的安全通道逃生。

◆无路可逃时，可以利用卫生间进行避难，用毛巾紧塞门缝，把水泼在地上降温。

正确的做法 ⊘

★逃离火灾现场，要沿着标有"安全出口"的通道逃生。

★高楼逃生要走楼梯，千万不能乘坐电梯。

★在火势蔓延前，应逆风而行，快速离开火灾现场。

★通过烟气弥漫的火场时，要弯着腰、弓着背，低姿势行进或匍匐，不要深呼吸，要用湿毛巾蒙住口鼻，防止吸入烟雾中毒。

★如果衣服着火，千万不能奔跑！因为奔跑容易加大火势，应该就地打滚，以压灭身上的火。

安全小贴士

遇到火灾，要保持冷静，如果火势不大，可以迅速撤离，并拨打119火警电话。

警惕踩踏事故

课间操的时间到了，同学们都开始涌向楼梯。一时间，楼梯上挤满了缓缓下行的学生。

这个时候，有几个捣蛋的学生，边下楼梯边打闹。其中一个学生顺手一推，导致另外两个学生脚下不稳，顺势倒向了前面的同学，由此引起一连串的摔倒和踩踏。一时间，前面有很多同学被踩伤或者出现磕伤，叫嚷声、痛哭声连成一片，现场一度混乱不堪。因为这次踩踏事件，很多同学被送往了医院，有几个同学受了重伤，所幸都没有生命危险。

危险早知道 ⚠

⊙踩踏事故发生时，容易出现摔伤、挤伤、踩伤，甚至造成人死亡。

爸爸妈妈说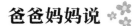

◆要尽可能躲开学生上、下楼高峰期，可提前或延后上、下楼。

◆上、下楼梯时，不系鞋带、不攀肩而行、不高声喧哗，不快跑乱窜，一定要有序慢行。

正确的做法 ✅

★课间操以及放学时，不要急于抢行下楼。上、下楼梯，
要按照学校对各班规定的楼梯行走。

★上、下楼梯要靠右慢行，做到礼让。

★上、下楼梯，不打闹，不起哄，不制造恐慌，严禁推拉、
冲撞、拥挤。

安全小贴士

尽可能不去人多拥挤的
地方，尤其是楼梯，打闹嬉
戏等，都可能造成严重的踩
踏事故。为了避免危险，最
好选择人少的时候上、下楼。

校园内有传染病，怎么办

五一假期，斌斌和父母返回了老家。在老家停留几天后，彬彬返回了学校。在回校的第二天，刘斌出现了剧烈咳嗽，并伴有轻微咳血的症状。同学们都以为刘斌是上火，才导致身体有些不适。

班主任老师得知斌斌的情况后，认为病情并不简单，迅速带刘斌到人民医院诊治。在医院，斌斌被查出疑似得了肺结核，很快又被转院至市肺结核医院。至此，斌斌被确诊为肺结核，并确认具有一定传染性。斌斌所在的学校，及时向当地疾病预防控制机构进行了报告，并对密切接触者进行了大范围筛查。

危险早知道 ⚠

⊙有的传染病传染性极强，一旦发生，极易传播。

⊙肺部感染，而就医又不及时，严重的可留下后遗症，甚至死亡。

爸爸妈妈说

◆身边有传染病患者，不要过度恐慌。

◆如果校园出现传染病疫情，要积极配合学校的防控工作。

◆发现同学有传染病症状，要及时报告老师。

◆如果确诊患上了传染病，一定要及时隔离医治。

正确的做法

★保持良好的个人卫生，勤洗手。

★尽量不到人多拥挤的场所。

★对传染病病情要重视，不能隐瞒病情。

★面对传染病疫情，要佩戴口罩。

安全小贴士

打喷嚏或咳嗽时，应用手帕或纸巾掩住口鼻，避免飞沫传染他人。

面对泥石流，预防是关键

每到梅雨季节，南方的很多地区便会出现持续性的降雨，洪水、泥石流等自然灾害也是时有发生。

11岁的李阳是五年级的学生。下课后，看着外面的雨小了很多，李阳便和几个小伙伴跑出去玩。当他们经过教学楼后时，李阳发现离教学楼不远处的护坡竟然出现了几条裂缝。这让几个学生产生了疑问，并马上告诉了老师。老师怀疑可能会有泥石流、滑坡险情，急忙将情况上报给校长。经过实地勘察,校长马上做出全校师生快速撤离的决定。在学校统一的指挥下，师生们快速撤离到校外的安全区域。就在大家撤离后不久，开始出现暴雨，一股泥石流很快冲垮了护坡，将教学楼的墙面冲毁，一些教室内的课桌等被掩埋。面对险情，学校很快将泥石流灾害情况报告给了相关部门。

因为及早发现了险情，以及撤离及时有序，全校师生没有遭到任何伤害。泥石流过后，校长在全校师生大会上，着重表扬了李阳几位同学，并在全校开展了安全教育课。

危险早知道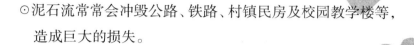

⊙泥石流常常会冲毁公路、铁路、村镇民房及校园教学楼等，造成巨大的损失。

⊙如果预防不到位、防范和撤离不及时，很有可能发生人员伤亡等重大事故。

爸爸妈妈说

◆在持续暴雨天，如果出现地面裂缝、山坡上建筑物变形，以及地下发生异常响声时，很有可能将要发生滑坡和泥石流。

◆泥石流即将发生时，要避免慌张，听从统一安排，切忌自择路线。

◆泥石流发生时，要迅速向相关部门和单位报告详细情况。

正确的做法 ✓

★ 在泥石流发生前，要听从学校和老师的统一指挥，快速
有序撤离，不要乱跑。

★ 撤离逃生时，生命安全是第一位的，要抛弃一切影响奔
跑速度的物品。

★ 在撤离的途中，要注意观察地形，向沟谷两侧山坡或高
地跑，切忌奔向沟谷上游或者下游。

★ 注意路上随时可能出现的各种危险，如掉落的石头、树
枝等。

安全小贴士

泥石流是一种常见的自然灾害，无论是在乡镇学校里，还是行进在山区，都要有安全避险意识和有效应对措施。这样，关键时，你才能快速脱险。

交际安全

交际安全

"孩子安全无小事"

爸爸妈妈一定要告诉孩子的安全知识

于川◎编著

民主与建设出版社

·北京·

图书在版编目（CIP）数据

孩子安全无小事：爸爸妈妈一定要告诉孩子的安全知识：全5册.3，交际安全 / 于川编著. --北京：民主与建设出版社，2022.7

ISBN 978-7-5139-3857-0

Ⅰ. ①孩… Ⅱ. ①于… Ⅲ. ①安全教育－儿童读物 Ⅳ. ① X956-49

中国版本图书馆 CIP 数据核字（2022）第 106622 号

孩子安全无小事：爸爸妈妈一定要告诉孩子的安全知识
HAIZI ANQUAN WU XIAOSHI BABA MAMA YIDING YAO GAOSU
HAIZI DE ANQUAN ZHISHI

责任编辑	王颂　郝平	
封面设计	阳春白雪	
出版发行	民主与建设出版社有限责任公司	
电　话	（010）59417747　59419778	
社　址	北京市海淀区西三环中路 10 号望海楼 E 座 7 层	
邮　编	100142	
印　刷	唐山楠萍印务有限公司	
版　次	2022 年 7 月第 1 版	
印　次	2022 年 7 月第 1 次印刷	
开　本	880 毫米 ×1230 毫米　　1/32	
印　张	5	
字　数	40 千字	
书　号	ISBN 978-7-5139-3857-0	
定　价	198.00 元（全 5 册）	

注：如有印、装质量问题，请与出版社联系。

目 录

校园交际篇

家庭相处篇

熟人相处篇

陌生人危险篇

性侵害应对篇

校园交际篇

被威胁时，不做危险事

　　因为琐事，小海和邻班同学李末发生了口角。第二天，在教学楼拐角处，李末和几个高年级同学围住了小海,声称要暴打小海。小海有些害怕，只好求饶。

　　李末轻蔑地说："你昨天不是很厉害吗？尿包！"说着，顺势踹了小海一脚。看着跌坐在地上的小海，几个同学狂笑起来。

　　小海以为没事了，就想走。李末等人拦住了他。一个同学说："想离开也行，看到那台阶了吗？只要你从上面跳下去，就放你走。"在他们的威胁下，小海只能跳台阶。然而,就在跳下去的瞬间,小海摔倒在台阶下,伤得不轻。看惹了祸,李末和几个同学吓跑了。

　　小海被送到医院后，医生经过检查，发现小海的腿部和腰部都出现了骨折。

危险早知道

⊙被别人逼迫威胁，会让自己陷入恐慌，使自尊心受到伤害。

⊙被迫跳台阶，或者做其他危险事，容易导致身体出现损伤。

爸爸妈妈说

◆要远离惹是生非的坏学生，避免与其有瓜葛。

◆一旦被围困，别害怕，先想办法脱身。

◆被对方殴打，可以假装被打坏，这在一定程度上可起到吓阻作用。

正确的做法 ✓

★面对多人欺凌，应避免激怒对方和进行身体对抗。

★被胁迫时，要保持镇定，想办法周旋，不要做危险的事。

★有可以求助的对象，要及时向老师、同学等求助。

★脱困后，要及时告诉老师或者家长。

安全小贴士

被多人威胁欺凌时，要记住人身安全是最重要的。切忌为了脱困，而盲目做危险的事，这样可能会造成无法挽回的后果。

怀疑同桌伤感情

下课后，燕子发现找不到旋笔刀了，她翻遍了自己的书包和课桌，还是没有踪影。正当她低头寻找之际，她发现同桌小涵的书桌里有一个旋笔刀。她拿出来后仔细辨别，发现就是自己丢失的那个。"咦！怎么会在她的书桌里？难道她……"想到这里，燕子气愤不已。

当小涵从外面进来后，燕子质问小涵，为啥偷拿了自己的旋笔刀。小涵也不知道怎么回事，并极力解释和澄清，但燕子根本不信。

发现她俩争吵起来，前桌的李璐及时制止了她俩，并解释说："这个真不怪小涵。上节课下课，我发现地上有个旋笔刀，我以为是小涵的，就放到她的书桌里了。"一听这话，燕子顿时尴尬起来。

危险早知道 ⚠

⊙没明确具体原因，而怀疑同学，会严重伤害同学的自尊心。

⊙被莫名怀疑和冤枉，可能会导致严重的同学矛盾，甚至出现打架等事件。

爸爸妈妈说

◆遇到东西丢了，要先冷静，仔细回想，是不是自己落在哪里了。

◆没有确凿证据，而随意去怀疑别人，很容易招致别人更大的反击。

正确的做法 ✓

★ 遇到东西丢了，应仔细翻找自己的衣兜、书包和书桌，看是不是能找到。

★ 可以问同桌和周围同学，是否看见了自己丢失的物品。

★ 如果真的丢了，应避免气恼和怀疑别人，可以请求爸爸妈妈给自己再买一个。

安全小贴士

良好的同桌情谊，需要互相的理解和宽容，更需要始终如一的信任。如果因为丢失一件小物品，而怀疑同桌的人品，是极为伤害彼此感情的。

拒绝被女生欺负

小敏是个任性、霸道的女孩子，经常有意无意地欺负男同桌涛涛。对此，老实善良的涛涛总是默默忍让。

早上，涛涛拎着一袋面包去上学，快到校门口时，面包被人猛地抢走了。涛涛反应过来，发现是小敏。"你还给我！"涛涛说道。小敏做出鬼脸，说："不给，不给，小气鬼。"涛涛上去抢夺，抓疼了小敏，小敏将面包摔在地上，委屈且生气地说："谁稀罕破面包，你是男生，不能让着女生？"说完，小敏气呼呼地走了。

自习课上，涛涛的胳膊超过了课桌的"三八线"，没想到小敏上去就捶了他一拳，示意他超线了。涛涛刚要发怒，小敏说："不准凶我，不准欺负女生！"涛涛见状，默默地掉起了眼泪。

危险早知道

⊙受到女生欺负，可能会给自身造成巨大的烦恼和压力。

⊙经常被女生欺负，还可能导致厌学、情绪低落，或者严重的心理疾病。

爸爸妈妈说

◆与女生相处，多给予理解和宽容是应该的，但是要有度。

◆不管是男生还是女生，都不能毫无顾忌地欺负别人。

◆面对欺负，要及时告诉爸爸妈妈，一味忍让可不好。

正确的做法 ✅

★被女生欺负，首先要告诉她这样的行为已经伤害到自己了。

★不忍气吞声，不被女生要求你大度的言语所困扰。

★适当时候，也要拿出自己强势的一面。

★如果对方三番五次欺负你，要告诉老师和家长。

安全小贴士

在被任性的女生欺负时，应避免没有底线的妥协和忍让，要能够合情合理地有效应对，防止不必要的伤害。

理会谣言，不利自己

子琪因父母工作调动，不得不转学到新的学校。因为聪明爱学习，子琪经常受到老师的表扬。在单元测试中，子琪的语文和数学考了双百，成了班级的学霸。这让个别同学有些嫉妒，于是就有了"子琪考试作弊"的传言。不明真相的同学，也开始在背后对子琪指指点点。

刚开始，子琪听到这样的话，感到很生气，可是又无可奈何。这之后，子琪总感觉大家用异样的眼光看自己，自身也感受到了无助和压力。尽管她也努力地学习，但始终没能走出谣言的阴影。

在期末考试时，子琪本想用实力证明自己，但由于背负着沉重的心理包袱，而导致考试发挥失常，更加"坐实"了作弊的传言。

危险早知道 ⚠

⊙被谣言中伤，名声受损，内心会感到无助和沮丧。

⊙长时间遭受污言秽语的困扰，可能会变得抑郁。

爸爸妈妈说

◆面对谣言，有时候是解释不清的。如果被困扰，可以向可靠的人倾诉，真正了解自己的人是不会相信谣言的。

◆不明真相，而相信和散布谣言，看似是无关紧要的小事，但对被伤害的同学来说，影响却是很严重的。

正确的做法 ✓

★不信谣、不传谣，只相信真相。

★面对谣言，不必理会，要用事实去击碎谣言。

★应尽量回避并远离那些散步谣言的同学。

安全小贴士

一个人的成长，会遇到别人的误会甚至诬陷，最好的办法不是极力解释，而是用实际行动去证明自己的清白。

嘲笑可能是祸根

　　琴琴是个很注重外表的孩子，可是她脸上有雀斑，这让她很苦恼。班里有几个女同学，经常嘲笑她的长相，给她起了一个有侮辱性的外号——"麻子"。因为这，琴琴特别愤怒、委屈，可是她又不敢去质问她们。

　　一次，琴琴偶尔发现一款很便宜的祛斑的产品，就偷偷地拿压岁钱购买了。在连续使用几天后，琴琴发现脸部刺痒无比，并红肿起来，很严重，这可把琴琴吓坏了。家人得知情况后，急忙带她去看医生。

　　经过检查，琴琴是因为使用不合格的祛斑产品导致的，不仅产生了过敏性皮炎，还出现了慢性毒性反应。好在经过一段时间的治疗，琴琴没有大碍了。

危险早知道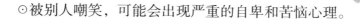

⊙被别人嘲笑，可能会出现严重的自卑和苦恼心理。

⊙怨恨不断积聚，可能会引发严重的报复举动。

⊙除此之外，可能还会出现其他意想不到的安全问题。

爸爸妈妈说

◆外在美只是美的一部分，心灵美更为重要。

◆不必为别人的嘲笑而痛苦，应避免活在别人的眼光里。

◆自信阳光的孩子才是最美的。

正确的做法 ✓

★不为别人的嘲笑所左右，要保持自信、豁达的心态。

★当你陷入持续的烦恼时，一定和爸爸妈妈说。

★不自行购买美容祛斑产品，一旦买到伪劣产品，也是很
  危险的。

安全小贴士

对于他人恶意的嘲笑，我们要做适当的反抗，可以让对方不敢明目张胆地嘲笑你，这既让他人觉得你并不软弱，也维护了自己的尊严。

打架互殴，导致彼此伤害

数学期中考试成绩发下来了，捣蛋鬼浩浩考了 67 分。他不仅不感到分数少，反而沾沾自喜，觉得起码及格了，回家也能交差了。后桌的源源看到试卷上醒目的 90 分时，不免有点儿小激动，这也引起了前桌浩浩的注意。

浩浩转过头来，说："考多少呀？这么激动！"源源说："不告诉你，别打听！"一看源源这个态度，浩浩上来就抢试卷。他俩抢来抢去，试卷竟然被撕成了两半。源源顿时急眼了，上去就打了浩浩。浩浩也不是吃亏的主儿，顺势回敬一拳。很快，他俩开始大打出手，彼此被打得鼻青脸肿。在同学的劝说下，才停住了手。因为这次互殴，两人都受到了老师的严厉处分。

危险早知道 ⚠

⊙因为矛盾而打架互殴，很容易造成彼此受伤。

⊙一旦失去理智，拿一些尖锐物或者重物打人，容易导致伤亡事件发生。

⊙如果致人重伤或者伤亡，会涉及刑事犯罪，给自己和伤亡者的家庭带来永久的伤痛。

爸爸妈妈说

◆当与同学产生矛盾时，要冷静，避免因为一时冲动而大打出手，这样对彼此都是伤害。

◆遇到矛盾，打架是最为错误的方式，可以试图通过其他的方式解决。

◆一旦遇到无礼纠缠和殴打，要及时告诉老师和家长，不做"沉默的羔羊"。

正确的做法 ✓

★同学间交往，要避免过于强势，也要避免强迫同学必须做什么，这样的做法是不对的。

★面对矛盾，要不急不恼，敢于说出自己的正当理由，杜绝"一言不合就上手"的危险方式。

安全小贴士

打架互殴是最危险的，在非理智的情况下，非常容易因为出手过重或者失手，而造成不可逆的严重伤害。

不与问题少年交往

在父母眼中，诚诚是个听话懂事的好孩子。可是有一天，警察找到了诚诚父母，说诚诚参与了盗窃案件。这仿如惊天霹雳，一时让他们难以相信和接受。

原来，诚诚与学校里的几个问题少年交往起来，不仅学会了吸烟、喝酒，还经常和他们出入网吧等场所。一天晚上，他们从网吧出来后，身上都没钱了，就想到了盗窃。当接近午夜的时候，大街上的店铺都关了门。诚诚和几个问题少年撬开了一家超市的卷帘门，并潜入内部进行了偷盗。

第二天，接到报案后，民警通过缜密排查，最终确定了作案人，并将诚诚等几个人全部抓获。

危险早知道

⊙与学校的问题少年交往，思想和行动很容易被带偏，不仅严重影响学习，而且还可能染上恶习。

⊙青少年心智不成熟，在某些不良思想的驱使下，容易做出抢劫、盗窃，甚至杀人的恶性事件。

爸爸妈妈说

◆在学校里，要结交思想和行为好的同学，要能够分辨善恶，不被不良的风气所影响。

◆如果因为一时的冲动，做出违法乱纪的事，轻则受到处罚教育，重则可能被判刑。

正确的做法 ✓

★ 在学校，要文明守纪，结交值得信任的朋友。

★ 不做违法之事，要学会堂堂正正做人。

★ 发现好朋友要做违法的事情，要极力劝阻或告知老师。

安全小贴士

结交好的朋友，可能会对你的一生都有益处；而结交不好的朋友，可能会对你的一生产生负面影响。所以，在结交朋友上，要谨慎。

因冲动玩失踪，太冒险

语文课上，李老师发现佳乐总是在低头鼓捣着什么。李老师考问佳乐本节课学到的知识点，他支支吾吾，没能回答上来。在李老师的追问下，佳乐说自己在玩手机游戏。李老师很生气，就没收了他的手机，并批评了他。

让李老师感到意外的是，此时的佳乐没有认识到自己的错误，竟顶撞起自己来，并拿起书包摔门而去。当李老师追到校门口时，佳乐已摆脱门卫，消失在了街头。从学生们那里，李老师得知佳乐曾有过轻生的念头。她担心事态会恶化，就将情况反馈至校领导那里，并迅速报了警。

危险早知道 ⚠

⊙从学校里跑出去，会让老师和家长担心和感到恐慌。

⊙因为想不开，独自跑出学校，可能会遇到社会上的坏人，发生危险的事情。

⊙青少年心智尚不成熟，极容易因为各种矛盾心理，做出过激的行为。

爸爸妈妈说

◆在学校里，要认真听讲，避免做与学习无关的事情。

◆面对老师善意的批评，要能够虚心接受，做到尊敬老师，不可回怼老师。

正确的做法 ✓

★不要将手机等电子产品带进学校，做遵规守纪的好学生。

★即使遭到老师批评，也要学会冷静思考，反思自己究竟错在哪里。如果自己没错，可以将事实说清楚。

★遇事要冷静，坚决不做逃出校园的冒失举动。

安全小贴士

遇到问题，不回避、不生气、不做出逃跑的事情，这既是正确的处事方式，也是对自身安全的负责。

欺骗同学惹仇恨

默默经常乱买东西，妈妈就削减了他的零用钱，他觉得妈妈太过分了。为了买到喜爱的物品，他开始和同学们借钱。其中，借给他钱最多的就是同桌玲玲。时间一长，玲玲也感觉有些不对劲儿了。默默总是借钱，却丝毫不提还钱的事，这让玲玲很无奈。

一天，玲玲实在忍不住，就主动问默默关于借钱的事，但此时的默默却不承认自己借过钱。无论玲玲怎么说，默默都是一副很冤枉的样子，玲玲对此感到很是恼火。从此，玲玲不再理默默，甚至特别愤恨他，两个人的关系闹得非常僵。

危险早知道 ⚠️

⊙故意欺骗同学，是极为不道德的，这会严重损害个人的形象，招致别人的疏远。

⊙同学之间需要信任，如果故意欺骗同学，容易导致同学情谊破裂，甚至愤恨。

爸爸妈妈说 ✿

◆人与人之间，最难得的是信任，最伤人的是欺骗。如果欺骗了别人，可能彼此的信任就很难修复了。

◆好的同学情谊，需要细心呵护，来不得半点欺骗。如果被别人误解你欺骗他，一定要及时澄清。

正确的做法 ✓

★在与同学的相处中，要做一个诚实守信的人。

★如果借了同学的钱或者其他物品，一定要及时还给对方，并表达感谢。

★如果因为遗忘，而没能及时还钱或其他东西，要及时还上并道歉。

安全小贴士

能一次次借钱和物品给你的人，一定是特别信任你的人，所以要珍惜这样的可贵情谊。

不可暗中欺负他人

期中考试要到了，平时惹是生非的安安很苦恼，他就对前面的可可说："嗨，老兄，考试时借我抄一抄。"可可说："我不敢，你还是找别人吧。"安安对此非常生气。

期中考试时，可可专心做题，根本没有理会安安的暗示。安安对此怀恨在心。第二天，趁可可不注意时，安安偷偷将蓝墨水涂到可可身上，白色的衣服瞬间被涂花了。

"是不是你干的？"可可发现后，就去质问安安。安安说："关我啥事，别冤枉好人。"安安不承认。可可忍无可忍，就和安安打了起来，最终双方都受了伤。

危险早知道 ⚠

⊙暗中欺负他人，很容易引起对方愤恨，导致肢体冲突。

⊙对于别人的欺辱，一味忍让可能会对自身造成持续的伤害。

爸爸妈妈说

◆对于同学涂花自己衣服的行为，要据理力争。

◆你的善良要有度，善良之余也要带些锋芒。

◆学校也是一个小社会，要学会周旋处理同学之间的小矛盾。

正确的做法

★对于暗中欺辱行为，要敢于谴责。

★应尽可能避免与欺负你的同学发生打斗。

★可以要求对方向你道歉，并赔偿衣服。

★对方如果不肯认错，一定要和老师说。

安全小贴士

暗中做一些有损他人的事，是不道德的行为。对此，我们要坚决予以制止，防止类似行为再次发生。

早恋可能害了你

小美是高中二年级的学生，她和同班同学大磊关系很好。大磊平时对她很关心，这让小美对他心生爱慕，并有了好感。很快，他们就确立了恋爱关系。

自从小美恋爱后，学习上开始有些松懈，每天和大磊谈情说爱，沉浸于感情的世界里。时间久了，大磊发现小美很任性，对他提各种无理的要求，这让他很难接受。有一天，他俩起了严重的冲突，大磊决定彻底结束这段感情。可是这时的小美不依不饶，放话说如果分手，就以死结束。大磊当时也没多想，毅然断绝关系。殊不知，小美而后竟然割腕自杀。因为被及时发现并送医，小美才捡回一条命。

危险早知道 ⚠

⊙早恋，很容易导致学习成绩下降、学业荒废，影响一生。

⊙如果出现失恋等情况，还可能导致精神萎靡、意志消沉，甚至进行自我伤害。

爸爸妈妈说

◆学生时代，可能会出现异性之间的喜欢和好感，但这并不是真正的爱情。

◆青少年心智尚不成熟，自我控制能力相对薄弱，一旦在感情的世界里碰壁，很容易做出傻事。

正确的做法 ✓

★应将主要精力投入到学习之中，不荒废学业。

★应避免过早沉迷于早恋，要学会自我控制。

★对于彼此分手，要理性看待，不纠缠、不过激。

安全小贴士

早恋的危害很大，学生一旦陷入其中，就会把主要精力和时间转移到恋情上，又由于青少年在心理、思想上尚未成熟，因而难以把持自己。

被同学欺负，要说出来

函函和大宇是同桌，经常因为一些事情发生矛盾。因为大宇身体强壮，弱小的函函每次都是被欺负的对象。

星期五上午，大宇掐哭了函函，函函忍无可忍，咬了大宇。因为这件事，他俩被班主任叫到了办公室。"你们俩总惹事，严重影响其他同学……"老师很生气，将他俩训斥了一番。老师又说："这件事也不严重，都别惊动家长了，但是以后绝对不能再打架了。"

对于老师的批评，大宇并没有接受教训。他觉得函函胆小，怕老师，也不敢告诉父母，反而欺负函函更严重了。直到函函用裁纸刀刺伤了大宇，函函的爸妈才知道函函一直受欺负的事。

危险早知道 ⚠

⊙总是被同学欺负，易给自我身心造成不可挽回的伤害。

⊙对自我人格的形成，会带来很大的负面影响。

⊙长期被欺负，可能会有更多积怨，导致在某一刻情绪爆发，发生严重的人身伤害事件。

爸爸妈妈说 ❀

◆我们不惹事，但是遇到事情了，也不要怕事。

◆选择隐忍，可不是最好的选择。

◆无论面对什么不好的事情，爸爸妈妈永远是坚强的后盾。

正确的做法 ⊘

★如果被打，别忍气吞声，要为自己伸张正义。

★如果老师不让和家长说，要敢于说"不"。

★如果自己被无故打伤，可以选择报警处理。

家庭相处篇

别让学习的压力压垮你

彩彩平时学习还不错，但妈妈为了让她学得更好，给她制定了繁重的学习计划，还报了各种网络课堂，彩彩对此感到特别累。

"这就是你的成绩吗？你平时学习了吗……"妈妈生气地吼着。因为发挥失常，彩彩的期中考试很不理想。对此，彩彩和妈妈争吵了起来。

接下来几天，彩彩开始厌食、厌学。看着彩彩颓废的样子，爸爸对她说："你一点儿都不坚强，以后还能有啥出息，白养你这么大。"彩彩听后，越发感到绝望。

过一会儿，楼下有人喊："有人跳楼啦……"彩彩的爸爸妈妈顿时感觉不妙，当他们来到房间，发现彩彩不在了，一个纸条上留下了她诀别的语言。

危险早知道

⊙学习压力大，容易出现厌学心态和逆反情绪。

⊙如果陷入坏情绪的深渊，易做出伤害自身的危险行为。

⊙因为不能化解内心压力，也可能会出现自杀等伤亡事情。

爸爸妈妈说

◆不因为内心有压力而陷入绝望，一定要说出来。

◆没有谁会一直保持良好的学习状态，重振信心，总结经验才是上上策。自己的学习成绩下滑，爸爸妈妈可能会一时对我们愤怒，但这其实是爸爸妈妈爱我们的一种表现，在为我们的长远担忧。我们应该理解一下爸爸妈妈的苦心。等他们的怒火下去之后，可以和他们解释一下自己成绩下滑的原因，找到原因才能更好地提高学习成绩。

正确的做法 ✓

★碰到难处，要积极解决，进行心态调整。

★要学会诉说，与父母好好沟通，化解精神压力。

★如果发现小伙伴变得焦虑、悲观，要主动关心和开导。

安全小贴士

学习压力大是很多学生都会遇到的事情，要能够及时调整心态，学会向父母倾诉，这样才能获得高效学习，获得情感安慰。

太过任性危害多

　　10岁的威威从小就备受爷爷奶奶的宠爱，久而久之，养成了比较任性的坏习惯——看见好的东西，总想买；感觉不顺心，总会闹上一番。对于他这般表现，爸爸妈妈很是头疼。

　　一天，在电视广告上，威威看到了一个适合孩子的智能机器人，就开始嚷嚷着要买。当爸爸查询了价格后，发现这款机器人要上万元，就想劝说威威打消购买的念头。哪承想，威威自此和家人闹起了冷战并开始绝食，丝毫不听爸爸妈妈的劝说。在爸爸打了威威后，威威竟然选择了撞墙，还撞得头破血流，

危险早知道 ⚠

⊙太过任性，容易养成不良的性格，造成今后交际出现障碍。

⊙如果放任这种任性的坏习惯，还会出现心理扭曲，甚至发生自我伤害。

爸爸妈妈说

◆爸爸妈妈对你好，是出于爱，但这并不是撒泼任性的理由。

◆不听从爸爸妈妈的建议，因为一点儿事而烦躁、愤怒，这对于自身健康会产生非常不利的影响。

正确的做法 ✓

★ 要多听从爸爸妈妈的建议，做个懂事的孩子。

★ 想买一些东西，要委婉地和爸爸妈妈商量。

★ 如果因为物品价格超出家庭能承受的范围而没能购买，
要保持平和心态。

安全小贴士

任性是很多孩子普遍存在的问题，必须引起家长的足够重视。好的性格和习惯的养成，在于正确的家庭教育和日常良好的家庭环境。

溺爱是一种伤害

铭铭从小被父母溺爱，时间长了，养成了霸道无礼的习惯！平时，铭铭经常欺负别人，每当有家长找来，铭铭的妈妈都会极力保护儿子。

"来，儿子，妈妈喂你。"每当铭铭不爱吃饭，妈妈都会追着喂。"我要买这个游戏机！"铭铭要东西，妈妈也会毫不犹豫地买来。久而久之，铭铭越发骄横，对爸爸妈妈的话根本听不进去。稍有不如意，他还拍桌子、摔椅子，闹得家里鸡飞狗跳……

十几岁时，铭铭因为一点矛盾，将别人严重打伤，因而被送进了少年犯管教所。面对这样的结局，铭铭的妈妈只能以泪洗面，后悔不已。

危险早知道

⊙父母无底线的溺爱，会让孩子失去正确的是非观。

⊙如果被溺爱，将来很难在社会上与人相处，容易导致人际交往的障碍。

⊙因为从小养成骄横、暴躁的性格，将来可能会做出过激的行为。

爸爸妈妈说

◆爸爸妈妈疼爱你，是源于爱，千万别因此而骄横。

◆从小总被爸妈溺爱，可能会造成无法预料的伤害。

◆自己的事情，尽量自己完成，切忌衣来伸手、饭来张口。

正确的做法 ✓

★对待父母和他人要有礼貌、懂谦让，学会站在别人的角
度看问题。

★应树立独立意识，养成自理能力，拒绝父母过分的溺爱。

安全小贴士

溺爱不是爱，而是一种伤害。不论何时，我们都要使孩子远离溺爱，养成好的性格和习惯，成为礼貌懂事、举止文明的好孩子。

和父母动手伤亲情

　　16 岁的周亮，总是厌学逃课，还经常打架斗殴。爸爸妈妈曾几次三番批评劝说，周亮都没有任何改变。久而久之，他开始与父母闹冷战，不与父母说话。

　　一日，周亮在学校将同班同学打伤了，事情闹得很大。在家里，爸爸气得火冒三丈，质问周亮为什么打架。周亮大嚷道："我就是看他不顺眼，怎么了？"爸爸一听，训斥道："你还有理了？你知道惹了多大祸吗？"周亮根本听不进去，开始和爸爸杠上了。妈妈怎么劝阻，都无济于事。到了最后，周亮还和爸爸动起手来，发生了肢体冲突。在这次冲突中，爸爸的胳膊出现了伤情，母亲因为拉架而导致腰部扭伤。

危险早知道 ⚠

⊙ 因为家庭矛盾，与父母动手，很可能导致父母受伤和自己受伤。

⊙ 即使矛盾平息，但因为动手打了父母，会严重伤害父母的心灵和情感。

⊙ 和父母动手还会遭到别人的冷眼，成为别人眼中的不孝子。

爸爸妈妈说

◆ 爸爸妈妈养育了你，付出了太多的心血，他们不求回报，只希望你能成人成才，不至于走上歪路。

◆ 你的一次动手，可能让爸爸妈妈在外人面前抬不起头来，颜面尽失。

正确的做法 ✓

★对于爸爸妈妈的管教，要能够平静地倾听。对于好的建议，要虚心接受；对于认为不妥的建议，也要心平气和地交流。

★在解决问题时，要能说出事情的真实情况，以及自己内心的真实想法。

★一旦和爸爸妈妈起冲突，可以暂时离开，但绝不能动手。

安全小贴士

和谐家庭氛围的营造，需要家里每个成员相互理解、尊重和谦让，这样也有利于解决矛盾。

离家出走最危险

林泽因为在学校和同学打架，受到了老师的严厉批评。回到家后，当妈妈斥责他和同学打架后，他一言不发，只是以愤恨的表情看着妈妈。

看林泽如此这般，妈妈开始发起火来，还挥手打了他。此时，林泽一不哭，二不闹，趁妈妈不注意，竟然独自跑出了家。之后，一家人开始到处找林泽，找遍了大街、公园、商场等地方，都不见林泽的身影。后来，家人报了警，并开始满大街张贴寻人启事。几天过去了，警方在河道里发现了一个孩童尸体，经过最终确认，这个人就是林泽。

危险早知道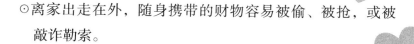

⊙离家出走在外，随身携带的财物容易被偷、被抢，或被敲诈勒索。

⊙独自在外的青少年，很容易成为不法之徒的目标，容易被拐卖或被迫从事不正当的交易，失去人身自由。

⊙青少年心智尚不成熟，很容易因为想不开而自杀，让家人陷入永久的伤痛。

爸爸妈妈说

◆在家里，遇到事情要对爸爸妈妈坦诚相告，这样才有利于事情的解决。

◆有时候，可能爸爸妈妈会对你有误解，但不管怎样，他们都是爱你的，只是采取的方式不对。

正确的做法 ⊘

★遇到事情，不要和爸爸妈妈置气，要说清楚。

★学会换位思考，要多理解爸妈，也要敢于说出爸妈不对的地方。

★受了委屈，应避免走极端，最好冷静下来，从失控的情绪中走出来，以防止做出傻事。

安全小贴士

如今的社会，充满各种不安全的潜在因素，负气地单独外出，容易发生很多意想不到的危险。

熟人相处篇

SHUREN XIANGCHU PIAN

远离家庭暴力

妞妞五岁的时候，妈妈就因病去世了。自此，妞妞开始和爸爸生活在一起。在妞妞七岁的时候，爸爸再次结婚，而后妈的到来，也彻底打破了家庭的平静，妞妞的生活也随之发生了改变。

妞妞是个有些倔强的孩子，她对后妈的到来很是抵触。刚开始，后妈尽管不喜欢她，但也没有伤害她。随着时间一长，每当爸爸不在家，妞妞犯一点儿错误，都会招致后妈的非打即骂，她还威胁妞妞不准将被打的事情告诉爸爸。直到有一天，妞妞被打后出现昏迷，被送到了医院。医生发现妞妞身上青一块紫一块，头部也被重物锤打过。医生感觉事情不妙，立即选择了报警。

危险早知道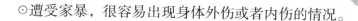

⊙遭受家暴，很容易出现身体外伤或者内伤的情况。

⊙长期遭受家暴的孩子，心理上会留下很难去除的阴影，对他们一生都将有着消极影响。

⊙被家暴的孩子，一旦被伤害得严重，随时可能有死亡的风险。

爸爸妈妈说

◆在现代社会中，个别孩子会遭到亲生父母或者后爸后妈的家暴，但这毕竟是极少数，大多数父母还是很爱孩子的。

◆在家庭暴力中，儿童往往迫于威胁而不敢做出反抗，这也是导致儿童长久遭受家庭暴力的重要原因。

正确的做法 ✓

★对于家庭暴力，要尽可能远离，可向爷爷奶奶等寻求帮助。

★面对家庭暴力，切忌总是忍耐，也可以向公安机关寻求帮助。

安全小贴士

儿童遭受的家庭暴力，往往表现为殴打、捆绑、体罚、针扎、摔打、禁闭或其他方式，对儿童的身体和精神都是严重的伤害和摧残。

邻居也许是坏人

　　由于爸爸妈妈常年在外打工，八岁的男孩小国一直和爷爷奶奶住在乡镇。小国家的邻居是一个五十多岁的单身汉，平时与他们家关系还不错。

　　但是一件事情的发生，让两家产生了矛盾和隔阂。一天，小国独自到街上玩，邻居主动上前和他搭讪，说自己家里有好吃的。天真无邪的小国信以为真，就跟着邻居进了家里，却不想被邻居残忍地杀害了。

　　小国失踪后，爷爷奶奶急坏了，并很快报了案，警察通过走访排查，最终确认了邻居有重大作案嫌疑，并最终在他家的后院挖出了小国的尸体。

危险早知道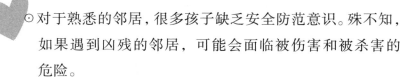

⊙邻居之间发生矛盾，孩子最容易成为被侵害的对象。

⊙对于熟悉的邻居，很多孩子缺乏安全防范意识。殊不知，如果遇到凶残的邻居，可能会面临被伤害和被杀害的危险。

爸爸妈妈说

◆不管是对陌生人，还是熟悉的外人，都要有一定的防范心理，不轻易相信别人的花言巧语。

◆如果想去哪儿，要提前和爸爸妈妈或者家里人说，与大人一同前往。

正确的做法 ✓

★不独自去街上玩，不独自去太远的地方。

★如果有熟人想带你去他家里，尽量别独自跟随而去。

★面对各种诱惑，要警惕，保持一定的防范意识。

安全小贴士

在生活中，不必对家庭外熟悉的所有人都保持警惕，但一定要注意个别人诱惑的话语和举动，这背后可能会有危险存在。

人贩子可能就在身边

宏宇是个五岁的男孩，不仅长得虎头虎脑，而且乖巧可爱，深得家里人和亲戚们的喜欢。可是有一天，宏宇在家门口玩，几分钟的工夫就不见了。家人报警后，警察经过几番周折，最终抓住了犯罪嫌疑人——宏宇的姨父。

原来，宏宇的姨父是个嗜赌之人，又没有正经工作，欠下了巨额赌债。因此，经常有人去他家催债。为了尽快还债，他想到了一个阴险的办法——贩卖外甥。终于有一天，他趁家人不注意的间隙，将独自在门口玩耍的外甥哄骗走，并卖给了外地的一对夫妇。但令他没想到的是，警察还是抓到了他，并最终解救了宏宇。

危险早知道

⊙亲戚贩卖孩子，更容易得手，这会给孩子家人带来特别
　大的悲痛和打击。

⊙孩子一旦被贩卖，多数会被卖到外地的偏远地区，很难
　找回。

⊙很多孩子会被贩卖到乞讨团伙等，遭到非人的折磨和
　残害。

爸爸妈妈说

◆如果有人以精美卡片、玩具和食品为诱饵要你跟他走，
　千万别相信。

◆如果有人以请小朋友带路，或者带你去找爸爸妈妈为借
　口要带你走，切记别上当。

正确的做法 ✓

★日常玩耍时，应避免脱离爸爸妈妈的视线范围，避免一个人独自出门玩。

★有陌生人或者熟悉的亲戚，说要单独带你去某个地方，切勿轻易相信。

★平时要能记住家庭住址和爸爸妈妈的电话，一旦出现危险并获救，能及时联系到家人。

安全小贴士

如果陌生人要带你走，要多问为什么，比如，父母是谁、在哪里上班、电话是多少、为什么他来接等。在多个疑问下，犯罪分子一定会露出破绽。

辅导一对一，别掉以轻心

红霞是一名初中二年级的女生，成绩很不理想，妈妈对此很是着急。为了解决孩子的学习问题，妈妈找到了一家教育培训机构，为红霞报名了补习班。负责给红霞上课的是一个姓蒋的男老师，给人印象是很斯文的样子。

红霞虽然只是上初中二年级，但身体发育比较成熟。刚开始上课，蒋某还是很认真负责的，红霞的成绩也有所提升。过了几个月后，蒋某开始对红霞嘘寒问暖，时不时会触碰红霞的手。刚开始，红霞没有多想，这也让蒋某越发大胆起来。有一天，蒋某竟然将手伸进红霞的衣服里，准备实施猥亵。红霞吓坏了，赶紧呼叫妈妈。妈妈知道真相后，非常愤怒，当时就报了警。

危险早知道 ⚠

⊙ 如果不和孩子明确哪些行为是禁止的，孩子很容易被不良家教欺骗，遭到猥亵和其他伤害。

⊙ 如果被不良家教侵犯，可能会毁了孩子一生，留下永久的心理阴影。

爸爸妈妈说

◆ 虽然不应该把家教老师往坏处想，但如果发现家教老师有反锁门等情况，千万要提高警惕。

◆ 如果感觉家教老师对自己动机不纯，切忌惊慌失措，应赶紧寻机离开，并告诉家人。

正确的做法 ✓

★家庭辅导时，应尽量避免和家教老师单独待在封闭的房间里。

★要保持警惕心理，面对猥亵等行为，切忌隐忍，要及时告诉爸爸妈妈。

安全小贴士

和异性家教独处一室，要有一定的戒备心理，家里虽然是比较安全的地方，但同样不可掉以轻心。

劝你吸烟不是好事

青少年小明和小海是堂兄弟，关系特别好。小明活泼开朗，喜欢交友；小海内向寡言，是小明的小跟班。由于小明爱交友，他的朋友圈就比较复杂。

有一天，小明所谓的好哥们儿拿出烟来劝他吸。他开始是拒绝的，但那哥们儿不断怂恿，并且还口口声声给他洗脑："吸烟喝酒，能活九十九！"小明最终没抵住怂恿，从此加入了烟民大军。

后来，小明劝堂弟小海吸烟，用同样的方式给小海洗脑，还说："饭后一根烟，快活似神仙！"小海最终也没能抵住怂恿，被动地加入了烟民大军。

危险早知道 ⚠

⊙青少年吸烟上瘾，容易出现记忆力减退、精神不振和学习成绩下降等情况。

⊙吸烟对呼吸道危害最大，很容易引起喉头炎、气管炎、肺气肿等疾病。

⊙长时间大量吸烟，还可能会引发肺部疾病，增加患癌风险。

爸爸妈妈说

◆香烟中含有多种有害物质，特别是尼古丁，对身心健康危害很大。

◆吸烟不是悠然自得、潇洒大方的表现，而是一种不健康的生活方式。

◆一旦吸烟成瘾就很难戒掉了，长期吸烟等于慢性自杀。

◆二手烟的危害也很大，因为烟雾中含有许多种有毒有害物质。

正确的做法 ✓

★如果别人怂恿你吸烟，一定要断然拒绝！

★在家庭或者公共场合，应尽量避免吸二手烟。

安全小贴士

在许多青少年眼里，吸烟是一种成熟的标志。为了证明自己不再是小孩，而选择了吸烟。这种想法无疑是错误的。

友情深，不在饮酒多

一个周末，初中三年级的小辉和几个同学聚会。因为临近毕业，为了表达同学情深，他们推杯换盏，喝起了酒。

过了一会儿，不胜酒力的小辉明显感到头晕。小辉说："我酒量不行，不能喝了。"一个同学说："装什么装，必须喝。"在大家的劝说下，小辉又喝了很多酒。

这之后，大家玩起了酒桌游戏。因为输了游戏，小辉被要求必须一口闷。有同学说："你如果不喝，就不够哥们儿。"小辉没办法，只好喝下去。不一会儿，小辉忽然倒在了座位下，不省人事。

虽然小辉被及时送到了医院，但最终还是没能醒过来。

危险早知道 ⚠

⊙醉酒容易生祸，可能引发打架、抢劫等行为。

⊙过度饮酒，容易引起急性酒精中毒，甚至酿成悲剧。

爸爸妈妈说

◆聚会是一件高兴的事情，但小小年纪还不宜喝酒，那样不仅伤身体，更会让自己身处危险境地。

◆未成年人的神经系统及大脑尚未发育成熟，即使是一次性少量饮酒，也容易导致智力发育迟缓、注意力分散、记忆力减退，影响自身学习。

正确的做法 ✓

★ 作为未成年人，要拒绝饮酒。

★ 被劝酒时，应学会拒绝，可用饮料代替。

★ 不要为"喝酒多少决定友情深厚"的话所左右。

安全小贴士

喝酒会导致身体多方面的问题，尤其是体质不太好的未成年人，喝酒对其健康的损伤更严重。

冷静应对绑架敲诈

一天中午，爸爸妈妈外出有事，留下哥哥和弟弟涛涛在家。等爸爸妈妈回来时，却发现涛涛不见了。问涛涛的哥哥，他说自己在屋里玩，弟弟在院子里玩，不知道什么时候弟弟就不见了。

正当他们焦急万分的时候，一个陌生的电话打来，涛涛的爸爸刚接起电话，就听到电话那端传来一个声音："孩子在我手里，如果想要孩子，拿 20 万元来赎……"接完这个电话，涛涛的爸爸有些慌乱，涛涛的妈妈也哭了起来。经过再三考量，他们最终选择了报警。警察通过与犯罪分子斗智斗勇，最终将其抓获，并将涛涛成功解救。这个绑架犯不是别人，正是同村的赌徒赵某。

危险早知道

⊙儿童被绑架，容易受到严重的惊吓，造成心理阴影。

⊙儿童被绑架后，还会面临很大的被伤害的风险，甚至可能会被无情杀害。

爸爸妈妈说

◆如果熟人说领你去某个地方，未经爸爸妈妈同意，坚决不能去。

◆发生被绑架等事件，应避免惊慌和害怕，切忌与犯罪分子硬碰硬和故意激怒对方。

◆要注意观察周围的环境，利用可利用的机会逃脱。

正确的做法 ✓

★ 应避免轻信熟人的话，更要避免随意跟熟人走。

★ 听从父母的嘱咐，对外人要有一定的警惕心理。

安全小贴士

　　未成年人防御能力弱，遇到绑架、抢劫等犯罪行为时，很难抵抗。因此，要引起全社会的重视。

被同学扒衣服，要反抗

铭昊是一名初中住校生，他性格胆小软弱，经常被一些同学调侃和欺负。对此，铭昊只是忍耐，也不敢将这些事情告诉老师和家长。

一天，铭昊刚进入寝室，一个日常总惹事的同学就叫嚣起来："哥儿几个，伺候着。"只见其他三个同学凑过来，并很快围上了他。铭昊害怕地说："你们……想干啥？"话还没说完，几个同学一起动手扒他的衣服。结果，铭昊竟然被扒得一丝不挂。这几个同学得寸进尺，还要求铭昊走几步，模仿《皇帝的新装》中的情节。铭昊害怕挨打，只得照做。此时，宿舍里不时传出阵阵大笑。

危险早知道 ⚠

⊙被人威胁脱光衣服，严重侵犯了个人隐私权且伤害了自尊心。

⊙对不合理的要求不敢说"不"，以后还会继续遭到人身伤害。

爸爸妈妈说

◆最容易伤害别人的行为，就是拿别人的隐私开玩笑。

◆拿别人的身体隐私开玩笑，不仅不是幽默的，更是不道德的。

正确的做法 ✓

★对那种随意扒他人衣服、拿他人身体隐私开玩笑的行为，要坚决拒绝并斥责。

★如果遭到别人的羞辱和侵犯，不应隐忍和顺从，要第一时间告诉父母或者老师。

安全小贴士

谁都不愿让自己的隐私在公众面前曝光，一旦被人曝光，尤其还是以一种调侃的形式，是最污辱人格的事情。

警惕吸毒的侵害

16 岁的男孩鲁鲁因为吸毒，被送进了戒毒所。老师和同学都为这个品学兼优的少年感到惋惜。

一次，鲁鲁经过同学的介绍，认识了社会青年严某。自从认识后，严某对他很是照顾，还经常帮他解决困难，这让从小在离异家庭长大、缺少亲情关怀的鲁鲁感到了温暖。自此，鲁鲁对严某很是信任。一段时间后，严某开始诱导鲁鲁吸毒。第一次吸食冰毒让鲁鲁很兴奋。从此，鲁鲁一发不可收拾，毒瘾也越来越大，并开始偷钱买毒品。

后来，因为有人举报，警察在出租屋抓到了正在吞云吐雾的严某、鲁鲁等人，还查获了用于吸食毒品的工具。

危险早知道 ⚠

- ⊙被诱骗误食毒品，可能会出现急性毒品中毒症状。

- ⊙长期吸毒，会严重损害人体的器官，破坏免疫系统，造成精神萎靡、失去劳动能力。

- ⊙随着吸毒越来越上瘾，可能会导致死亡，或者给家庭造成难以挽回的痛苦和损害。

爸爸妈妈说

- ◆有一些毒品会伪装成各种零食的样子，容易让青少年被动吸毒，叫人防不胜防！所以一定要远离不明食品。

- ◆冰毒、海洛因、K 粉等毒品都能够溶解在水中，遇到陌生人提供的不明饮品，一定要提高警惕，切勿乱喝。

- ◆有些不怀好意的人常常用"这个东西很潮，能提神，让人'嗨'"等理由引诱小朋友上当，这时候切勿轻信、尝试。

- ◆新型毒品有着善变的外表，像"毒品饼干""毒品奶茶""毒品跳跳糖"等，这些伪装毒品和日常零食难以分辨，所以要到正规的商店购买零食。

正确的做法

★应警惕伪装在身边的新型毒品。

★不要尝试所谓的"新鲜"事物。

★不要为陌生人携带、传递可疑的用品。

目前出现的一些像"咔哇潮饮"一类的潮流饮料，例如"蓝精灵"等，里面均含有毒品成分，属于新型毒品，对此要提高警惕。

警惕坏老师

12岁的伊美不仅学习好，性格好，人也长得漂亮，老师和同学都喜欢她。

一天，伊美因为来了例假，不能上体育课，就去找体育老师请假。此时，办公室只有体育老师一人，他见伊美来了，显得很热情，但是就不给伊美假。

"老师，我……真的上不了体育课。"伊美恳求地说。体育老师说："请假理由是不是真的，得需要我验证一下。"说着，体育老师关了门，将伊美搂住，手开始乱摸起来。伊美顿时被吓坏了，哭喊起来，挣脱后迅速跑开。

因为这件事，体育老师被学校调查并开除，还被警察带走了。

危险早知道 ⚠

⊙在学校遭到性骚扰，不敢和家人说，容易导致严重的心理问题，进而厌学。

⊙缺乏自我保护意识，可能会遭受严重的性侵害。

爸爸妈妈说

◆绝大多数老师是有师德师风的，也是可以信赖的。

◆对于异性老师，要保持一定距离，避免肢体接触。

◆对于个别老师挑逗的话，要保持警惕，并及时告诉爸爸妈妈。

正确的做法 ✓

★与老师保持正常交往，同时注意男女有别，不失礼仪。

★最好不与异性老师单独交往，应避免和异性老师去隐蔽的地方。

★当受到无故碰触和骚扰时，不惧怕，要严厉制止。

★受到猥亵等伤害时，要勇敢地说出来。

安全小贴士

在我们成长的过程中，一定要学会保护自己的隐私部位，任何时候都不允许他人触碰。

大人赌博，危害孩子成长

真真的爸爸喜欢赌博，闲暇的时候，会聚集一众人在家里玩几把麻将。因为从小就生活在这样的环境下，真真也觉得赌钱是一个很有意思的游戏。

正因为如此，12 岁的真真经常和一些小伙伴玩牌，各自从家里偷拿些零钱来玩。刚开始，真真等人还是偷着玩，渐渐地，他们的胆子也大了起来，甚至有一天在学校玩，刚好被老师抓个正着。

因为这件事，老师把真真和其他几个同学的爸爸请到了学校里。在老师的批评下，真真的爸爸认识到了自身的错误。

危险早知道

⊙经常看到大人玩牌赌钱，容易使青少年养成不良嗜好。

⊙赌博易使青少年产生贪欲，使他们的人生观、价值观发生扭曲。

⊙如果对赌钱有瘾，会对孩子的一生形成恶劣影响，甚至使其走上犯罪道路。

爸爸妈妈说

◆孩子的成长，需要爸爸妈妈身体力行地做出榜样，营造良好的家庭氛围，这样才有利于孩子形成健康的价值观。

◆赌博不仅是违法的，更是有社会危害的。无论何时，都要远离赌博，做遵纪守法的好少年。

正确的做法 ✓

★要知晓赌博的巨大危害，远离赌博，不为贪婪埋下祸根。

★遇到家人或者同学赌博，要极力阻止，避免其在赌坑中越陷越深。

安全小贴士

　　常言道"十赌九输"，青少年一旦染上赌瘾，往往也会沾染酗酒、偷窃、打架等恶习。因此，赌博对青少年是有百害而无一利的。

被诱导看不雅视频，易犯罪

　　冬冬和磊磊是未成年人，经常在网吧聊天、打游戏。在网吧里，他们认识了社会青年祥子。祥子将他俩认作小弟，对他们也是慷慨仗义，三个人成为了特别好的哥们儿。

　　有一次，祥子给他俩看了一张不堪入目的黄色图片，冬冬和磊磊感到脸红心跳。祥子一看他俩的样子，竟然哈哈大笑起来，说他俩太单纯。祥子接着说："这没什么难为情的，给你们看点儿更刺激的！"说着，祥子熟练地打开了一个黄色网站，屏幕上都是不堪入目的成人电影图标。自此，冬冬和磊磊沉醉于黄色网站。在不健康思想的驱使下，他俩最终因强奸被警方抓获。

危险早知道 ⚠️

⊙因为好奇，观看不雅的图片、视频，肯定会耽误正常的学习和生活。

⊙长期迷恋不雅的图片、视频，难抵诱惑，很容易误入歧途，触犯法律。

爸爸妈妈说

◆被诱导观看不雅图片、视频，非常不利于生理、心理的健康成长，千万要警惕！

◆观看不雅的图片、视频后，如果在好奇心的刺激下，做出一些出格的行为，那危害就大了。

◆要主动拒绝别人提供的不雅图片、小说和视频等，以防其图谋不轨。

正确的做法 ✓

★不观看、不传播黄色图片和视频，保持健康思想。

★应远离诱导你观看不雅图片、视频的人。

安全小贴士

观看不雅图片和视频，对青少年是一种潜在的巨大伤害，这不仅会严重影响学习，也会令其形成极不健康的思想，甚至走上违法犯罪的道路。

父母丢弃幼儿，涉嫌违法

俊俊是个四岁的小男孩，活泼可爱。可是有一天，离异的妈妈竟然将他丢弃在一个商场内。

俊俊因为找不到妈妈，紧张得哇哇大哭起来。哭声很快引起了周围人的关注，大家以为俊俊是一时走失了。可是无论商场工作人员怎样喊话孩子父母，都没有任何回应。商场人员最终只能报警。

警察到来后，通过询问俊俊，以及查看监控，基本上断定俊俊是被遗弃了。在公安局里，俊俊得到了很好的照顾，情绪也稳定了很多。通过多方的寻找，警察最终找到了俊俊的妈妈，并将她逮捕。

危险早知道

⊙ 将孩子遗弃在公共场合，容易引起孩子的心理恐慌，也容易使其被坏人带走拐卖。

⊙ 幼小的孩子被遗弃，心中会产生一生无法弥合的创伤。

⊙ 如果将孩子遗弃在人烟稀少的地方，更可能导致孩子出现意外而失去生命。

爸爸妈妈说

◆ 每个孩子都应该是父母的心头肉，无论大人之间发生什么事情，孩子永远都是无辜的。

◆ 能做出狠心遗弃的事情，只是极少数不负责任的父母的极端行为，而大多数父母都是疼爱自己的孩子的。

正确的做法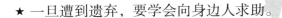

★ 一旦遭到遗弃，要学会向身边人求助。

★ 应避免太过恐慌，要详细向帮助你的人或者警察说出你所知道的家庭信息。

安全小贴士

将孩子遗弃是违法的，涉嫌遗弃罪。很多人因为未婚先孕或者无力抚养，就会铤而走险，做出极不负责任的举动。

陌生人危险篇

MOSHENGREN WEIXIAN PIAN

钥匙挂胸前，容易惹灾祸

　　放学后，小玲与同学小晶结伴回家。小晶得知小玲家里没人，于是说："你先去我家玩吧，好不好？"小玲回答说："不行，奶奶让我早点回家的。你看！这是我家的门钥匙。"说着，小玲还指了指胸前挂的钥匙。

　　岂料，两个小孩的谈话被社会闲散人员赵某听了个清楚。在得知小玲家里没人后，赵某瞬间动起了歪心思，并一路跟随小玲。在小玲打开房门的一刹那，赵某一下将其打晕，并对小玲家洗劫了一番。不过幸运的是，小玲并没有遭到伤害。尽管犯罪分子得手，但最终还是被绳之以法。

危险早知道 ⚠

⊙小孩子手里有家里钥匙，容易被犯罪分子利用，进而发生入室偷窃等案件。

⊙一旦犯罪分子入室，威胁到人身安全，后果不堪设想。

爸爸妈妈说

◆将家门钥匙挂在胸前、书包等明显的地方，不仅容易丢失，也容易被不法分子盯上。

◆不要随意透露自己家大人没在家的信息，这个安全小常识不容忽视。

正确的做法 ✅

★ 要把家门钥匙放在书包里，避免放到明面上来。

★ 如果家门钥匙丢失，应赶紧告诉家人。

★ 回家开门时，要仔细观察后面是否有人跟踪，确保安全再开门。

安全小贴士

脖子上挂钥匙，可能会给自己带来许多危险，比如拴钥匙的绳子有可能会刮到某些地方，导致脖子被绳子绞住，引发窒息。

接受陌生人的东西，很危险

14 岁的蒙蒙生长在一个富裕的家庭，她不仅活泼开朗，而且乐于助人，身边的人都很喜欢她。

蒙蒙平时的穿戴很讲究，胳膊上会佩戴贵重的首饰。正因为这样，她被陌生人盯上了。一天，蒙蒙和同学正走在路上，一个年轻女子故意在她们跟前摔倒。蒙蒙见状，和同学顺势扶起了该女子，该女子对她们表示感谢。在交谈中，该女子很快和她们熟络起来，并要请她们吃饭，蒙蒙委婉地拒绝了。

见第一招不灵，该女子拿出两瓶饮料，请她们喝。她俩感觉不好意思拒绝，就收下了。就在她们喝下饮料后不久，出现了头晕和昏迷。女子见状，趁机拿走了蒙蒙身上的首饰等物品。

危险早知道 ⚠

⊙接受陌生人的东西，很可能会被迷晕，导致物品和钱财全被盗走。

⊙和陌生人成为朋友，很容易被不法分子骗取信任，出现严重的人身伤害事件。

爸爸妈妈说

◆对陌生人的热情邀约，要学会拒绝，更要对其保持警惕。

◆如果陌生人坚持要自己收下礼物，即使没有恶意，也应避免因为难为情而收下。

◆坏人往往会利用未成年人的好奇心。如果陌生人说："小朋友，我有一样礼物要送给你，你跟我一起去看看吧。"这样的事情大多是陷阱，可要小心了！

正确的做法 ✓

★应避免被陌生人的话语所迷惑，要有一颗冷静的心。

★坚决不要接受陌生人的东西，尤其是饮料等物品。

安全小贴士

陌生人送饮料，可以委婉地回绝，可以说自己不喝甜的。如果送矿泉水，可以说自己刚喝过水了。因为不熟悉对方，所以需要提高警惕。

与陌生人见面不靠谱

14岁的女孩团团在网上认识了韩姓男子，经过两个月的交谈，俩人越发熟悉起来。韩某曾几次要求见面，但是被团团拒绝了。一天，团团和爸爸妈妈闹了点儿矛盾，就在网上和韩某倾诉，韩某便极尽关心和安慰，并趁机约团团出来。

晚饭后，团团偷偷溜出了家门，并在一处公园和韩某见面。两个人说了一阵话后，韩某称要去朋友那里办点儿事，并要带着团团一起去。团团哪知这是个圈套，韩某竟然带她去了他自己的家。在韩某家中，团团被韩某侵犯了。事后，团团回家向妈妈求助，并在家人陪同下到派出所报了案。

危险早知道

⊙未成年人和陌生人见面，受侵害的风险很大。

⊙如果遇到穷凶极恶的坏人，很容易因为见面而失去生命。

爸爸妈妈说

◆应谨慎交友，避免和不认识的网友私自见面，以免发生人身危险。

◆如果遇到陌生人热情地邀请见面，并特别强调不要告诉别人，这多半不是好事，一定要小心提防。

正确的做法 ✓

★作为未成年人，切勿轻信网络陌生人，要拒绝任何见面邀请。

★不要在未告知父母家人的情况下私自离家。

★万一被陌生人伤害，要第一时间告诉父母、老师或者直接报警。

安全小贴士

网络交友，易惹祸上身，面对网友的花言巧语和无微不至的关怀，要始终保持高度警惕。为了自己的人身安全，要做到拒绝见面。

陌生人搭讪，可能来者不善

　　高中生圆圆一边等公交车，一边拿着手机发微信。此时，一个男子走过来，对她恳求地说："姑娘，能把手机借我用一下吗？我想给朋友打个电话，我的手机没电了。"

　　圆圆有些警惕地想："他不会是坏人吧？可是他看上去确实很着急。"圆圆想了想，还是把手机借给了男子。男子拨打完一个电话，说："我想去商场那边的路口等我朋友，你能和我一起去吗？我还想再用下手机。"圆圆觉得也不远，大白天应该不会有事，就答应了。就在他们到了商场附近时，圆圆稍微一个不注意，男子迅速跑进了人流中，很快就不见了。此时的圆圆，才意识到被骗了。

危险早知道 ⚠

⊙被陌生人搭讪，可能会泄露自己和家庭的信息。

⊙被陌生人诱骗，容易导致财产出现损失。

⊙如果对陌生人没有丝毫防范，可能会导致人身伤害甚至生命受到威胁。

爸爸妈妈说 ❀

◆独自上学或放学时，如果遇到陌生人搭讪，可以礼貌拒绝，但要避免激怒对方。

◆有陌生人自称是爸妈的同事或朋友，切忌跟着走，要想办法通知老师，或及时给父母打电话问清楚。

◆对于陌生人的任何请求，都要小心谨慎！

◆切忌因为一时心软，就答应陌生人的要求，自身安全永远是第一位的。

正确的做法 ✓

★切忌"自来熟"——与陌生人进行过多的交谈。

★要警惕陌生人借手机等，切勿随随便便将手机等贵重物品借给陌生人，更要杜绝跟陌生人一起走。

★被陌生人骗，要第一时间选择报警。

安全小贴士

面对陌生人的搭讪和求助，要保持一定的戒备心理。即使白天或者人多的地方，也不一定就是安全的。

拒绝为陌生人带路

因为学校离家很近，11 岁的小悦每天都是独自步行上学。

一天下午放学后，小悦正走在回家的路上，一个陌生男子骑车经过她的身边并停下来，询问小悦附近的厕所在哪里。小悦很热心地告诉了他位置，可男子却表示怕找不到，恳求小悦带着他一同前往。善良的小悦未加思索，就带着他一起去找。到了一处僻静的地方，男子忽然上来捂住了小悦的嘴，任小悦怎样挣扎，都不肯松手。接下来，男子对小悦进行了长达十多分钟的猥亵行为。他还恐吓小悦，不许告诉父母，不许报警，否则就会杀了她。

危险早知道

⊙ 陌生人要求带路，极可能是其设下的骗局，一旦上当，
　容易遭到人身侵害。

⊙ 一些不法分子在实施性侵犯后，害怕暴露，还可能会剥
　夺受害人的生命。

爸爸妈妈说

◆ 帮人是好事，可一旦帮助了坏人，就坏事了！

◆ 如果陌生人要求你引路，即便是熟悉的地方或很近的地
　方，也不要答应。

◆ 一般情况下，真正的问路人都会有比较焦急的情绪，或
　者是外地口音。若是那种神态很安静，一点儿也不着急
　的样子，必须警惕。

◆ 遇到陌生人问路，如果不知道路况，可以礼貌地说声抱歉，
　然后快速离开。

正确的做法 ✓

★当陌生人问路时，可以指路或画地图，切忌带路。

★日常上学放学，不走偏僻的地方，一定要走人多的大路。

未成年人缺乏防范意识，而且力量相对弱小，一旦因为给陌生人带路而发生意外伤害，一时很难逃脱。

警惕！不上陌生人的车

八岁的宁宁刚从小区出来，准备到不远处乘坐公交车上学。这时，一位骑电动车的中年女子来到他的面前，说："小朋友，你上几年级了？书包重不重？要不我载着你吧？"宁宁说要乘坐公交车，并当场拒绝了。中年女子又继续说道："公交车好久才能到，我正好顺路，还是一起走吧？"宁宁很生气地说："我不认识你。"

看到宁宁这样拒绝，中年女子一直跟着他。当她看到路上没什么人时，开始把宁宁往电动车上拽，宁宁拼命挣扎并大喊救命。中年女子见状，一时心虚，只好放手，立即骑电动车逃离了。

危险早知道 ⚠️

⊙上了坏人的车，人身自由很容易被限制。

⊙如果坏人实施侵害行为，可能会造成受害人死亡。

爸爸妈妈说

◆陌生人可能存在危险性，要避免贴近车身，切忌随便上陌生人的车。

◆就算陌生人能说出爸爸妈妈的名字，也要杜绝坐陌生人的车。

◆发现陌生人的车总是跟着你，可以快速走进超市、商场等，并及时向别人求助。

正确的做法 ✓

★应拒绝陌生司机的搭讪，并与其保持一定距离。

★应始终保持安全意识，不搭陌生人的便车。

★万一被抓上车，要保持冷静，避免激怒坏人，尽量冷静地与坏人周旋。

安全小贴士

未成年人甚至一些成年人，因搭乘陌生人的车而发生不幸的事件屡屡出现。为了安全起见，切忌随便上陌生人的车。

公交地铁上，谨防"咸猪手"

在早高峰时段，高中生小影选择乘坐地铁上学。在地铁上，乘客很多，显得特别拥挤。小影上车后，一个陌生的男子紧紧地贴在她的身后。刚开始，小影以为车上人挤，没有在意。

到了下一站，地铁内的人少了一点儿，小影就移动了位置，可是该男子紧随其后，依然贴住她。这让小影顿时警觉起来。不久，这个男子将手故意贴在了小影的大腿上，开始轻微移动触摸。

此时的小影忍无可忍，直面怒斥陌生男子的猥亵行为。最后，在众人的制服下，该猥亵男子被警方带走。

危险早知道

⊙面对"咸猪手"不敢拒绝，会让坏人得寸进尺，占大便宜。

⊙遭受猥亵伤害，以后乘坐公交地铁时，可能都无法摆脱心中的阴影。

爸爸妈妈说

◆在公交、地铁等人多的场合，对任何不舒服的身体触碰，都要保持警惕。

◆"咸猪手"更容易伸向学生，就是抓住了学生胆小、怕惹麻烦的心理。

◆遭遇有意的抚摸、擦蹭，切忌隐忍和自认倒霉，越是沉默就越助长坏人的气焰，大胆的反击才能真正保护自己。反击后，就算没人帮忙，对方也会有所收敛，知道你不是好惹的。

正确的做法 ⊘

★在不确定对方是否是有意触碰你的时候，要选择躲开，并保持警惕。

★如果陌生人一再触碰你，就要当面表明态度，义正词严地斥责。

★遭遇不法侵害时，可向周围乘客、车站工作人员求助脱困，并及时报警。

安全小贴士

公交、地铁上的"咸猪手"行为很可恶，发现有人刻意往自己身边靠时，应尽量避开或者选择人员相对较少的地方。

小心拐卖新圈套

秋日的午后，奶奶领着五岁的娜娜在广场上玩。这时，一个年轻女子也带着孩子来到广场。娜娜和新来的孩子很快熟悉起来，并一起追逐玩耍。

此时，年轻女子主动和娜娜奶奶唠起了家常。就在说话的间隙，娜娜和那个孩子不知道跑哪儿去了。当那个孩子独自回来时，说娜娜跑到绿化带后就不见了。这时，娜娜奶奶急坏了，并急忙报了警。

当警察了解情况后，说很可能她遇到了新型拐卖。年轻女子转移娜娜奶奶的注意力，然后那个孩子将娜娜带到隐蔽处，预伏的拐卖者强行将娜娜带走。听到这里，娜娜奶奶一时晕过去了。好在警察最终寻找到了蛛丝马迹，成功将娜娜解救。

危险早知道

⊙如果被拐卖者控制，很难一时脱身，还可能遭到人身伤害。

⊙如果被拐卖到偏远山区，可能终身再也无法与亲生父母相见。

爸爸妈妈说

◆即使是面对陌生的妇女和儿童，也要保持一定的警惕心理。

◆切忌独自通过狭窄街巷、昏暗的地下通道，不要独自去偏远的公园、无人管理的公厕等。

正确的做法 ✓

★应避免与陌生的孩子去很远的地方，要在家人的看护下玩耍。

★遇到被人强行抱走，要机智冷静，设法得到别人的救助。

拐卖儿童的事件经常发生，而且不断出现新方式。因此，不管是家长，还是青少年，都要加强安全意识，不让悲剧重演。

独自打车要谨慎

一天傍晚，16 岁的娇娇从同学家出来，坐上了一辆网约车回家。娇娇坐在副驾驶位置上，一路上，司机不仅夸她漂亮，还说肯定有很多人喜欢他。不仅如此，司机还找各种话题和她搭话。

在车辆行驶的过程中，司机的手总是时不时触碰娇娇的大腿，这让娇娇瞬间警惕起来，并尽可能躲闪开。渐渐地，司机将车开向了一条有些陌生的道路。当娇娇提出质疑时，司机说是为了抄近道。娇娇有了一种不祥的预感，开始想办法逃离。在一处十字路口等红绿灯时，娇娇说自己晕车了要吐。至此，娇娇得以借机下车，并寻求路人的帮助。

危险早知道

⊙遇到网约车司机骚扰，容易造成极度的恐慌。

⊙一旦被侵犯，将给自己的一生带来严重的伤痛。

⊙发生强奸等案情，被害人可能会殒命。

爸爸妈妈说

◆女孩子出行，要有谨慎的防范心，尽量不乘坐网约车。毕竟网约车司机良莠不齐，很难保证自身安全。

◆遇到司机出现言语挑逗和引诱，或者出现肢体的触碰等，暂时别激怒对方，要尽可能找机会快速下车，比如"自己想去卫生间""感觉晕车想吐"等。

正确的做法 ✅

★外出时，最好乘坐正规的出租车，安全永远是第一位的。

★尽量别独自出行，要么有家人做伴，要么有同学朋友相随。

★遇到司机有歹意，要尽快找合适理由下车，并寻求路人和警察的帮助。

安全小贴士

遇到网约车司机起歹念，要先稳住他，尽可能别让他感觉你有想逃离的念头。否则，你很难找机会成功逃脱。

打闹要远离陌生人

周末的一天,晓晓一家准备到饭店就餐。在进入饭店时，晓晓和弟弟跑在前面，并不停地追逐打闹。此时，晓晓的长柄玩具碰到了一位就餐的年轻女士。只见这位女士恶狠狠地瞪了一眼晓晓，还说了句："哪来的没教养的野孩子！"晓晓回头看了她一眼，很快就跑开了。

爸爸妈妈进入饭店后，开始点菜。等到一家人快吃完时,晓晓又和弟弟打闹了起来。当晓晓跑到挨近门口的位置时，忽然被人狠狠地绊了一下，他顿时向前摔了下去。听见晓晓的哭声，爸爸妈妈急忙赶过来。晓晓告诉妈妈说："是这位阿姨绊了我！"因为这件事，晓晓的父母和那位女子吵了起来，还叫来了警察。因为这一跤,晓晓的胳膊骨折了。

危险早知道 ⚠

⊙遭到陌生人故意下绊子等，很容易造成骨折等身体伤害。

⊙小孩子身体脆弱，如果严重摔伤，还可能出现生命危险。

爸爸妈妈说

◆去饭店、商场、车站等公共场所，要避免追逐打闹，更要远离陌生人，以免撞到或撞伤别人。

◆在公共场合打闹，容易引起陌生人的反感情绪，进而可能会出现言语上的攻击或者故意伤害行为。

正确的做法 ✅

★严禁在公共场合喊嚷打闹，做文明懂事的好孩子。

★如果不小心碰到了别人，一定要诚恳道歉，以获得陌生
人的原谅。

★发现陌生人的故意伤害行为，要及时告诉家人。

安全小贴士

在生活中，极个别陌生人是具有报复心理的，一旦他们遭到冲撞等，很容易被激起怒火，进而会做出很出格的事情。

警惕"好心"的路人

　　周末，延延独自一人走路去姑姑家。走到人少的地方时，一个女人故意撞到了延延并倒下，她诬陷延延撞了自己，还要求赔偿。

　　这时，一个二十多岁的男子走过来。"他还是个孩子，不要为难他，给你几百元，赶紧走吧！"男子说着，给了那个女人几百元钱。很快，那个女人走了。见延延表达谢意，男子问延延要去哪里。出于感激，延延便如实相告。男子说："你姑姑家离我家不远，我正好开车回家，捎你一段路。"延延答应了。

　　就在延延进入面包车时，却发现刚才那个撞自己的女人也在车里，除此之外，还有一个中年人。没等延延反应过来，他们已将他推拽上了车，并将他绑架。

危险早知道

⊙未成年人涉世未深，容易被欺骗，掉入犯罪分子精心设计的圈套。

⊙一旦被犯罪分子绑架，不仅会失去人身自由，家人也容易被敲诈勒索。

⊙如果犯罪分子因为恼怒和敲诈不成，容易伤人甚至夺去未成年人的生命。

爸爸妈妈说

◆路上遇到突发和蹊跷事情，不要太紧张，要能够理智和清醒，要有保护自身安全的警惕意识。

◆现实中，犯罪分子会有各种欺骗套路，最好的规避方法，就是不轻信、不妥协、不跟着走。

正确的做法 ✓

★出门在外，要有良好的规避意识，走路时要注意观察来往行人。

★遇到故意撞你的人并刁难你，不要妥协，要及时拨打报警电话。

★遇到解决不了的事情，有陌生路人帮了你，要及时表达感谢，但切忌因此而放松警惕或随意和陌生人走。

安全小贴士

在现实中，好心人很多，但也有一些犯罪分子冒充好心人进行违法犯罪，所以要能够听其言、观其行，增强防范意识，不为表面现象所迷惑。

注意陌生小摊贩

小区门口附近，最近出现了卖棉花糖的流动摊贩。"卖棉花糖了，好吃不贵，各种口味……"商贩一面观察着路人，一面热情地叫卖。

临近傍晚的时候，六岁的涂涂和哥哥在小区附近玩。听见摊贩的叫卖声，涂涂对哥哥说："哥，我要吃棉花糖，行不？"哥哥说："可是……我没钱。要不我回去找爸妈要钱。你等我！"说完，哥哥就跑回了小区。

看哥哥不在，摊贩笑眯眯地问涂涂："小朋友，想不想吃棉花糖？"涂涂说："想，但我没钱。"摊贩说："没关系，你找那个阿姨问问，借一下钱！"很快，一个中年妇女从不远处走过来。涂涂信以为真，就跟着中年妇女走了。此后，涂涂再也没能回家。

危险早知道 ⚠

⊙孩子被拐骗，人身容易遭到伤害。

⊙会给被拐卖家庭造成永久的伤痛。

⊙被拐骗后，一些儿童会遭受残忍对待，甚至被剥夺生命。

爸爸妈妈说

◆未经爸爸妈妈允许，不可偷偷跑出去玩。

◆遇到坏人，别害怕，要快速跑开。

◆对于陌生人的钱、物、零食，一概予以拒绝，不可接受。

◆一旦被拐骗，要能够机智求救于他人。

正确的做法 ✓

★应避免一个人出去玩，或者去人少的地方。

★如果有陌生人靠近你，尽可能与其保持距离。

★陌生人给吃的、喝的东西，一律不要接受。

★无论陌生人说什么，都不跟他们走。

安全小贴士

一些人贩子会利用摊贩的身份做掩护，伺机寻找拐骗的目标。小孩子一定要提高警惕，谨防掉入拐卖骗局。

性侵害应对篇

XINGQINHAI YINGDUI PIAN

莫要贪财，远离伤害

李丹是一名高中生，总爱占小便宜。时间长了，同学们都不喜欢和她交往。

一个偶然的机会，李丹认识了社会青年尹某。从穿着打扮上看，尹某应该是个妥妥的富二代，出手大方，经常给李丹买东西。这让有些贪心的李丹很高兴，殊不知，危险也在一步步走近她。

一个周末，尹某约出了李丹，并开车带着她去了一个陌生的地方。在那里，尹某很快露出了本来面目，他不顾李丹的反抗，强行与李丹发生了关系。因为贪心，李丹遭遇了黑色的周末。

危险早知道

⊙因为贪图小便宜，而又缺乏安全意识，很容易掉入坏人的圈套。

⊙女孩子随便和别人去往陌生的地方，非常容易遭到人身侵害。

爸爸妈妈说

◆ "天下没有免费的午餐"，过于贪心是一大弱点，易被别人诱惑和利用，成为最终被伤害的那个人。

◆贪欲越大，越容易被冲昏头脑，甚至为此而做出有违道德和法律的事情。

正确的做法 ✓

★要树立正确的金钱观，不羡慕别人、不贪恋钱财。

★面对别人的财物诱惑，要断然拒绝，防止掉进圈套。

安全小贴士

"君子爱财，取之有道。"人活于世，会面对形形色色的诱惑。如果一味贪求，只会迷失自我，甚至失去已经拥有的一切。

在外过夜不靠谱

　　高中生莹莹不仅长得漂亮，在班级里人缘也特别好。一天，男同学陈浩要在家里举办生日宴会，就请了几个同学来家里，其中就包括莹莹。

　　在生日宴会上，大家不仅吃得高兴，而且喝了很多酒。到了晚上9点多，同学们都开始陆续散去。考虑到莹莹和另一个女同学都有点儿醉了，而且家离得有些远，陈浩就对她俩说："你俩在我家睡吧，和家里人打声招呼。"莹莹觉得有女同学陪伴，没有啥可顾虑的，于是就答应了。

　　午夜，在莹莹准备去卫生间的空隙，冲动的陈浩趁机捂住莹莹的口鼻，并将她抱到自己的卧室，强行侵犯了莹莹。

危险早知道 ⚠

⊙在别人家过夜，可能会遭到偷窥、猥亵等意外情况。

⊙除此之外，一旦遭到侵犯，可能无法得到及时有效的保护和帮助。

爸爸妈妈说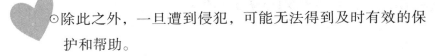

◆随随便便在别人家过夜，说明安全意识很淡薄，这可是一个不好的习惯。

◆没有家人陪伴，尽量不在别人家留宿，再晚也要回家，避免将自己置于危险的境地。

正确的做法 ✓

★ 未成年人尤其是女孩子，外出一定要告诉父母。

★ 未成年人切勿喝酒，更要避免随便在别人家过夜。

★ 如果外出晚归，一定要和父母保持联系，可以随时让父母接自己回家。

安全小贴士

夜晚是违法犯罪行为的多发时段，一旦遭遇意外的状况，后悔都来不及了。

面对侵犯先保命

暑假里，因为奶奶生病，高中生小梅就去照顾奶奶。因为小梅是大姑娘，而且左邻右舍都熟悉，家里人就没把小梅的安全放在心上。

有一天，奶奶让小梅去楼下的超市买东西,她就高兴地下楼了。可是过了半个多小时，仍然不见小梅回来，家人有了一种不祥的预感。家人到处寻找，根本不见小梅的踪影。情急之下，家人选择了报警。

通过调集监控和各种排查，最终锁定了嫌疑人袁某。原来当天小梅在上三楼的时候，被三楼的袁某遇见，他强行将小梅拉进自家屋子进行侵犯。事后，小梅说了一句"我不会放过你的"，顿时激起了袁某的愤怒，以致将她杀害了。

危险早知道

⊙被侵犯时，生命会受到严重的威胁。

⊙如果在没脱离魔爪时激怒了犯罪分子，很容易遭到杀人灭口。

爸爸妈妈说

◆面对坏人，自身走投无路，要学会说谎，也许因此可以逃过一劫。

◆如果坏人威胁你，不让你把事情告诉爸爸妈妈，你可以先假意答应坏人，等回到家后，再把真相告诉家长。

◆遭到坏人侵犯，一味地反抗，也可能导致坏人恼怒，而遭到残忍伤害。

正确的做法

★不管撒谎能不能骗到坏人，都要尝试。

★说谎言时，要选坏人最想要的结果说。

安全小贴士

因为坏人很危险，有时候骗坏人是必要的。切记先保证自己的生命安全，脱离危险后，再进行下一步行动。

小心朋友的"朋友"

　　高中生蕊蕊温婉可人、长相甜美，是同学们眼中的校花。好朋友雨桐尽管和蕊蕊关系不错，但也对她存在一些嫉妒心理。

　　一次，雨桐通过网络认识了不良青年董某。他得知雨桐有个好朋友蕊蕊后，就对雨桐威胁利诱，让她骗蕊蕊出来与其见面。在嫉妒心的驱使下，以及迫于董某的压力，雨桐就找个理由将蕊蕊骗了出来。在饭店吃饭的时候，董某不断让蕊蕊喝酒，雨桐也不停地劝酒，涉世未深的蕊蕊很快就处于醉酒状态。这时，雨桐趁机走了。而后，董某将蕊蕊带到了酒店，露出了色狼的本性。

危险早知道 ⚠

⊙一旦遭到熟人诱骗，很容易上当，也极易给自身带来难以估计的伤害。

⊙涉世未深的女孩往往更容易被欺骗，遭到身体侵犯，甚至被杀害。

爸爸妈妈说

◆对别人说的话、许诺的好处，要能够进行清醒思考和辨别，切忌轻信、盲从。

◆在与朋友相处的过程中，发现对方有不对劲儿的地方，要警惕起来。

◆没有爸爸妈妈允许，以及没有家人的陪伴下，应避免和朋友去见陌生人。

◆未成年人在外饮酒，不仅伤害身体健康，也容易发生意外。

正确的做法 ✓

★ 害人之心不可有，防人之心不可无。再好的朋友，对其也要有一定的戒备心理。

★ 做任何事，切忌不经思考和感情用事，要有自己的主见。

★ 和朋友一起与陌生人聚餐等，要学会察言观色，防止被邪恶想法欺骗。

安全小贴士

社会是复杂的，人心也会存在变数。在与别人的相处中，切勿过于理想化和单纯化，也要避免对别人过于依赖，安全应该掌控在自己手里。

独自夜跑很危险

17 岁的小妮阳光乐观，酷爱运动。无论是爬山、骑行，还是跑步，她都样样热衷。久而久之，她也成为了同学们眼中的运动达人。上了高中后，因为白天课业繁重，闲暇时间太少，她就选择围绕家附近的公园进行夜跑。

一个秋天的雨后，气温有些寒凉，公园里的人少之又少，但小妮还是准时出发夜跑。就在她跑到一处隐蔽阴暗处时，一个身影突然蹿出，上去将她抱住，并捂住她的嘴，顺势将她往树丛里拖。就在坏人要侵犯她时，她猛地一脚踹中坏人的下体。趁着坏人一时痛苦的间隙，她迅速爬起并跑到路上大喊救命。很快，这引起了几个行人的注意。小妮也得以脱险。

危险早知道

- ⊙在树林茂密、偏僻或者人烟稀少的地方夜跑，很可能招致坏人的人身侵犯。

- ⊙为了掩盖犯罪事实，很多坏人会选择剥夺被侵犯人的生命。

爸爸妈妈说

- ◆未成年人尤其是女孩子，尽可能别独自夜跑，这样有可能成为犯罪分子的侵犯对象。

- ◆喜欢运动没有错，但锻炼身体有很多种方式。为了安全起见，可以选择购买家庭跑步机在家运动，也可以参加团体的运动。

正确的做法 ✅

★ 应提升安全意识，不去林木众多、人烟稀少的地方运动。

★ 应避免一个人外出跑步，最好有家人陪伴。

★ 面对危险，不要过于害怕惊慌，切忌激怒坏人，要想办法稳住他，并趁机逃脱。

安全小贴士

因为夜跑，发生女孩子被侵害致死的事件很多。无论家长还是未成年人，应足够重视，杜绝让悲剧重演。

面对胁迫卖身，不妥协

进入初三后，芹芹总是遭到几个女同学的欺负。面对欺凌，胆小懦弱的芹芹不敢反抗，害怕招致更狠的报复。

几个女同学将芹芹带到一个废弃的破房子里，还要求她脱光衣服。芹芹当时就反抗了，却遭到几个女同学的一顿拳打脚踢。不一会儿，两个社会青年走进来，几个女同学开始逼迫芹芹卖身，否则就更狠地毒打她。芹芹最终妥协了，只好照做。事后，两个社会青年给了几个同学几百元钱，满意地溜走了。后来，因为承受不住屈辱，芹芹选择了结束生命。

危险早知道 ⚠

⊙ 未成年人被胁迫卖身，会留下终生伤痛，造成挥之不去的心理阴影。

⊙ 被伤害者容易形成扭曲的价值观，对社会产生严重的报复心理。

⊙ 由于心理伤害太深，还可能导致抑郁，甚至引发自杀的悲剧。

爸爸妈妈说

◆ 面对别人的欺凌和侮辱，要敢于说"不"，以防止对方变本加厉。

◆ 遇到性侵害，要第一时间告诉父母或者报警，切忌选择默不作声而独自承受伤害。

正确的做法 ✓

★应远离不良的青少年，避免与他们有瓜葛。

★当面临欺辱和胁迫时，要学会机智周旋。

★一旦发生人身伤害，要及时向公安机关求助，不隐忍、不妥协。

安全小贴士

胁迫未成年人卖身，已经涉嫌刑事犯罪。面对坏人的侵害，要坚决避免妥协，防止被进一步伤害。

遭遇侵害别隐忍

在某小学，发生了小学生遭受老师侵害的恶性事件。在学校的一个班级里，全班多个女生遭到了班主任何某的猥亵。

孩子们遭到何某的猥亵后，迫于他的吓唬和威胁，都不敢将事情告诉家长。直到有一天，肉体的疼痛让小涵在半夜中哭喊，爸爸妈妈才感觉到了不对劲。通过仔细询问，小涵最终说出了真相。她说老师经常会把她叫到办公室，不断碰触自己的下体，如果她不听话，就会遭到老师的处罚。小涵的爸爸妈妈忍无可忍，毅然选择了报警。

经过警方的调查，发现全班遭受猥亵的孩子还有很多。这个披着伪善外衣的恶魔老师，最终受到了法律的严惩。

危险早知道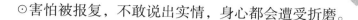

⊙害怕被报复，不敢说出实情，身心都会遭受折磨。

⊙侵犯者没有受到应有的惩罚，会变得更加肆无忌惮，可能会继续为非作歹。

爸爸妈妈说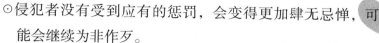

◆不管发生什么，一定要毫不犹豫地告诉爸爸妈妈。只有把事情告诉父母，父母才能更好地保护你。

◆不替坏人"保守秘密"，一旦受到了侵害，要赶紧报警，这样才能让自己免于继续被侵害。

◆被侵犯不代表自己就是坏孩子，说出实情是为了保护自己。

正确的做法 ✓

★隐私部位不容别人触碰，对于别人的异样举动，要保持警惕。

★遭到别人猥亵，要及时告诉家人和警察，勇敢地指证坏人。

安全小贴士

很多未成年人被一再猥亵，主要的原因就在于其不敢将事情告诉父母，害怕遭受报复，其实这样的心理是错误的。只有将坏人绳之以法，才能让自己免遭侵害。

孩子安全无小事：爸爸妈妈一定要告诉孩子的安全知识

户外安全

"孩子安全无小事"

无小事

爸爸妈妈一定要告诉孩子的安全知识

于川◎编著

户外安全

民主与建设出版社
·北京·

图书在版编目（CIP）数据

孩子安全无小事：爸爸妈妈一定要告诉孩子的安全
知识：全 5 册 . 4，户外安全 / 于川编著 . --北京：民
主与建设出版社，2022.7
　　ISBN 978-7-5139-3857-0

　　Ⅰ . ①孩… Ⅱ . ①于… Ⅲ . ①安全教育—儿童读物
Ⅳ . ① X956-49

中国版本图书馆 CIP 数据核字（2022）第 106620 号

孩子安全无小事：爸爸妈妈一定要告诉孩子的安全知识
HAIZI ANQUAN WU XIAOSHI BABA MAMA YIDING YAO GAOSU
HAIZI DE ANQUAN ZHISHI

责任编辑	王颂　郝平
封面设计	阳春白雪
出版发行	民主与建设出版社有限责任公司
电　话	（010）59417747　59419778
社　址	北京市海淀区西三环中路 10 号望海楼 E 座 7 层
邮　编	100142
印　刷	唐山楠萍印务有限公司
版　次	2022 年 7 月第 1 版
印　次	2022 年 7 月第 1 次印刷
开　本	880 毫米 ×1230 毫米　1/32
印　张	5
字　数	40 千字
书　号	ISBN 978-7-5139-3857-0
定　价	198.00 元（全 5 册）

注：如有印、装质量问题，请与出版社联系。

目 录

交通安全常识篇

商场酒店篇

户外活动篇

外出旅游篇

意外应对篇

交通安全常识篇

骑平衡车上路，存隐患

晚饭后，小美和家人准备到广场上去玩。从家里出发时，小美将自己心爱的电动平衡车带上了。来到路上，为了省力，小美踩在平衡车上沿着公路边滑行。很快，她就将家人落在了后面。

忽然，她的面前出现了一个坑洼，由于平衡车失去平衡，小美一个趔趄摔了下去，半个身子砸在了平衡车上。此时的平衡车还在滑行，并载着小美滑向了路中间。危急时刻，路上的车辆一个急刹停了下来。此时的小美与机动车只有几米远。小美的家人此时跑了过来，扶起了惊魂未定的小美，并向司机连连表达歉意。

危险早知道 ⚠

⊙ 电动平衡车没有刹车、油门，加、减速靠人的重心控制，一旦操作失误，容易导致撞伤和跌伤。

⊙ 在坑洼不平的路上或者在拐弯时骑行电动平衡车，有可能出现失控，与路上的车辆发生碰撞而造成伤亡事故。

⊙ 平衡车没有安全保障，一旦发生交通事故，很容易造成本人或者他人受伤。

爸爸妈妈说

◆ 电动平衡车摩擦系数小，稳定性较差，在遇到突发事件时很难实现安全制动。

◆ 电动平衡车不是交通工具，更不是耍酷的工具，每天用它出行，往往伴随极高的风险。

正确的做法 ✓

★ 为了安全起见，尽可能不购买和使用电动平衡车。

★ 如果使用电动平衡车，也要避免在公路上或者人多车多的地方骑行。

安全小贴士

电动平衡车好玩却危险。在很多受伤案例中，上肢骨折、肘关节骨折比较多见。处于成长中的青少年，应尽可能不使用平衡车。

骑车戴耳机，易发生事故

阳光明媚的早晨，李末吃完早饭就骑着自行车奔向学校。一路上，他头戴耳机，不时哼着歌，完全沉浸在音乐的世界里。

为了抄近路，李末选择横穿马路。此时，李末的前面是一辆公交车，他根本看不到对向车道上的车辆情况。因为听音乐入了迷，李末完全没意识到需要观察来往车辆，就在他突然进入对向车道时，一辆轿车因为来不及刹车，将他撞倒在地。很快，120 急救车赶到。经过检查，李末后脑勺有血肿，脖子扭伤，手部也有外伤。随后，他被送往了医院。

危险早知道 ⚠

⊙一边骑车，一边听音乐，会导致精神不集中，很容易引发交通事故。

⊙不慎摔倒，脖子会被缠绕的耳机线勒伤，如果伤到动脉，就有生命危险了。

爸爸妈妈说

◆在车流中骑车是危险的，戴耳机后，会出现听觉受阻，这无疑是险上加险，后果不敢想象。

◆以为戴耳机骑车很帅，殊不知，骑车戴耳机是一种不必要的冒险。

◆路上噪声比较大，戴着耳机听音乐，通常需要开很大的音量才能听见，长此以往，很容易引起耳鸣、听力下降等症状，严重时还会导致耳聋。

正确的做法 ✅

★骑车出行时，要集中注意力，不要戴耳机骑车。

★过马路时，要走人行横道，要注意观察来往车辆。

安全小贴士

要重视道路交通安全。一个不好的习惯，就可能引发严重的交通事故。因此，骑车时要遵守交规，不佩戴耳机，不横穿马路。文明安全出行，从好习惯做起。

闯地铁屏蔽门，太冒险

一个周末，妈妈要带辰辰去游乐园玩，辰辰高兴得手舞足蹈。在去往地铁站的路上，辰辰跑在妈妈前面，一副迫不及待的样子。

当他们进入地铁站时，正赶上地铁车门即将关闭，屏蔽门状态指示灯开始闪烁起来。这时的辰辰，迅速奔向地铁车门，妈妈大声喊也没能喊住。就在辰辰刚冲到屏蔽门处，屏蔽门开始关闭，辰辰因此被夹住了。

幸运的是，列车司机和站内的当值人员及时发现了情况，打开了车门和屏蔽门，辰辰才得以脱险。因为这件事，妈妈严厉地训斥了辰辰，辰辰也意识到了自己硬闯地铁屏蔽门的危险。

危险早知道 ⚠

⊙ 被地铁车门和屏蔽门夹住，很容易出现身体被夹伤的情况。

⊙ 被困在屏蔽门与车门的中间，一旦列车运行，随时都有生命危险。

⊙ 被地铁门或屏蔽门夹住脖子等，可能会致死。

爸爸妈妈说

◆ 地铁车站的候车站台，都标有"列车关门，请勿冲门"等文字提醒，这些安全提醒务必要牢记。

◆ 在屏蔽门关闭的瞬间，伸手或者使用物品去阻挡车门关闭，都是不正确的，也是很危险的。

◆ 不幸被地铁车门夹住，要设法抵住列车门，哪怕让门夹住胳膊或腿，也不要让它关闭。只要门不关闭严实，列车绝不会开动。

◆ 一旦被夹在地铁屏蔽门和车门间，要及时扳动屏蔽门内侧的"紧急开门"装置，可以紧急停车。

正确的做法 ✅

★ 看到地铁屏蔽门门灯闪烁，听到蜂鸣器响时，请勿强行
  上下车，以免造成不必要的伤害。

★ 要了解乘坐地铁时遇到紧急情况的有关应急操作知识，
  学会自救。

安全小贴士

宁等一辆车，不抢一扇门。切忌认为只要挤进了屏蔽门，就一定能够顺利地挤进地铁车厢。这是最危险的想法。

过安检闸机，当心被卡住

　　小昆是个特别淘气的孩子，总是喜欢鼓捣一些没见过的东西。一天，小昆和妈妈准备出地铁站，趁妈妈在闸机处刷卡时，小昆用手去抠闸机的缝隙。随着闸机的打开，小昆也发出了撕心裂肺的哭声。原来，小昆的三根手指被死死地卡在了闸机的缝隙里。妈妈见状，开始大声呼救。

　　听见呼救声，地铁的值班人员迅速赶了过来。值班人员一边稳定小昆的情绪，一边将他的手指一点点地向外挪动。几分钟后，小昆的一个手指被挪了出来，这时，闸机的扇门弹了一下，小昆的手才顺势被拉了出来。

危险早知道

⊙用手抠地铁闸机缝隙，很容易被夹伤手指。

⊙闸机有防尾随功能，尾随可能会被夹到。

爸爸妈妈说

◆当闸机开放的时候，要第一时间及时通过，这样才能确保自己不会被闸机夹住。

◆带着大件物品通过闸机的时候，可以走比较宽敞的闸机进出口，有利通行。

◆在进站出站时，避免在闸机附近打闹，这样是很危险的。

正确的做法 ✓

★闸机开放，要迅速快步通过。

★如果不方便通过闸机，应及时找工作人员帮忙。

安全小贴士

通过闸机，看似简单，却也有着诸多危险，而危险往往就在不经意间出现，一定要注意安全！

小朋友坐副驾驶，危险大

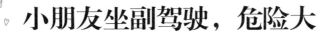

　　妈妈驾车带七岁的乐乐去采摘园，为了看风景，乐乐非要坐副驾驶位置。妈妈架不住乐乐的一再央求，索性就答应了他。

　　秋天的路上，到处是目不暇接的风景，乐乐也是高兴地欣赏着，乐在其中。突然，道路拐弯处出现了一辆逆行的机动车，为了躲避，慌乱之间，妈妈驾驶的轿车撞上了路边的小树。看着乐乐头部出现了碰伤，妈妈急忙拨打了 120，将其送到了医院救治。万幸的是，因为系了安全带，乐乐只是头部受了轻伤，并没有生命危险。

危险早知道 ⚠

⊙小朋友的好动性，会干扰正常驾驶，可能引发事故。

⊙坐副驾驶位置未系安全带，发生撞击时，人容易飞出去，导致脑部受伤，甚至死亡。

爸爸妈妈说

◆副驾驶座位是汽车上很危险的位置，当汽车发生碰撞或紧急刹车时，风险不可估量。

◆汽车副驾驶安全气囊是根据成年人身高设计的。一旦发生交通事故，身材矮小的孩子容易撞击到头颈部，有可能造成窒息或颈椎骨折等严重的后果。

正确的做法 ✓

★ 行车时，严禁儿童坐副驾驶位置。

★ 对于低年龄的儿童，要在车辆后座安装儿童安全座椅。稍大的孩子坐在后排，要系好安全带。

安全小贴士

一般来说，汽车座椅和安全带是专门为成人设计的，就算是汽车发生危险时弹出安全气囊，也未必能很好地保护孩子，甚至还会伤害孩子！

汽车天窗会"吃人"

五一假期到了，典典和爸爸妈妈开始了长途旅行。通过车窗，吹着扑面的春风，看着沿途的风景，典典心里生出了无数期待。

当汽车行驶在一处风景如画的公路上时，典典竟然不顾爸爸妈妈阻拦，执意将头和双臂伸出了天窗，还做出了飞翔的姿势。车辆刚转过弯道，前面就出现了限高杆，爸爸急忙减慢了车速，妈妈顺势一把将典典拽了回来。"多危险，你知不知道，如果撞上限高杆，可能就没命了。"爸爸很生气地训斥道。因为这次惊险，典典也认识到了自己的危险举动。

危险早知道 ⚠

○ 把头伸出天窗，处于无安全带保护的状态，遇到紧急刹车，很可能会被甩出车外，轻则受伤，重则致命。

○ 遇到发动机熄火，天窗自动关闭的车辆，极易被夹伤，严重者会致颈椎受伤甚至瘫痪。

○ 如果遇硬物飞来、限高杆，头部容易受伤，甚至导致死亡。

爸爸妈妈说

◆ 乘车时，将身体伸出天窗很危险，也属于交通违法行为。

◆ 任何时候，都要有交通安全意识，不要因为一时的高兴，而置自身于危险之中。

正确的做法 ✅

★ 应了解将身体伸出天窗的各种危害，增强乘车安全意识。

★ 遵守交通规则，车窗、天窗开启时，严禁把头探到车外。

★ 汽车行驶时，遇到有人将身体伸出车窗或天窗，要及时提醒和阻止。

安全小贴士

无论防夹天窗是靠什么系统控制，都可能带来严重的后果。最保险的做法，就是乘车时不将身体任何部分伸出车外，避免悲剧发生。

高铁按钮别乱碰

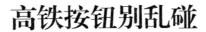

暑假到了，子卿要去大城市看打工的爸爸妈妈。经过一路周转，子卿和奶奶最终坐上了开往目的地的高铁。看着飞驰的高铁列车，子卿这儿看看，那儿摸摸，表现出了极大的好奇心。

忽然，子卿发现了一个按钮，心想：这个家伙是干啥用的。管它呢，先按几下再说。殊不知，他按的是紧急制动按钮，闯了大祸。

高铁司机突然收到紧急制动信号，只得先停车，也因此造成多趟列车因故骤停。经排查发现，肇事者居然是子卿。乘警在了解情况后，对子卿进行了教育，奶奶也承诺今后会严加看管。

危险早知道 ⚠

⊙ 如果拉下高铁紧急制动按钮，高速行驶中的列车将紧急制动，容易将乘客甩出座位，造成人身伤害。

⊙ 对于列车而言，容易造成轮对擦伤、闸盘过热，影响行车安全，同时也会影响到区间内其他车辆的正常通行。

爸爸妈妈说

◆ 乘坐高铁时，应避免倚靠在车门以及两侧车门开关按钮上。如果误碰车门手动按钮，将开启或关闭车门。

◆ 遇到突发紧急情况，列车工作人员可直接拉动紧急制动按钮。旅客擅自触动紧急制动按钮是违法行为，还有可能危及行车安全。

◆ 火灾报警按钮、紧急制动按钮，均位于高铁列车每节车厢的两端。遇到突发情况方可使用，其他情况一定不能按。

正确的做法 ✓

★非紧急情况下，严禁随意触碰列车应急按钮和设备。

★爱护铁路和列车设施设备，共同维护公共秩序和运输安全。

安全小贴士

在高铁列车上，设置有很多紧急按钮和设施，非紧急情况下，旅客切忌触碰。

乘船时，要穿好救生衣

英子和妈妈、小姨在公园游玩时，租了一条脚踏船。当她们乘坐脚踏船来到湖中心时，准备休息一会儿，并顺带吃点儿零食。

英子感觉穿救生衣不舒服，就脱了下来。吃完零食后，英子的手有点脏，她就探出身子准备用湖水洗手。殊不知，一个不注意，她竟翻下湖里。妈妈和小姨本想施救，却始终没能抓到英子，英子很快沉入了湖里。

听到呼救声，公园管理人员迅速赶到现场搜救，仍然无果。而后，警察、消防和医院急救人员赶到现场救援。当他们将英子捞起时，她已经没有了呼吸。

危险早知道 ⚠

⊙未按规范穿好救生衣，一旦发生紧急情况，会存在很大的安全隐患。

⊙不穿救生衣，若不慎落水，很容易导致溺亡。

爸爸妈妈说

◆坐船一定要穿好救生衣，万一发生险情，救生衣能救命。

◆切忌因嫌麻烦而不穿救生衣：第一，救生衣可以产生一定浮力，能帮助落水者浮在水面；第二，它是比较醒目的颜色，有助于被发现，以便实施营救。所以穿救生衣，遭遇意外时可提高获救的几率。

正确的做法 ✓

★坐船出行时，一定要穿好救生衣。

★玩水上运动，一定要穿好救生衣。

安全小贴士

无论会不会游泳，在冲浪的时候一定要穿上救生衣，关键时候它可以救命，而且对于搜救人员来说，也是一个明显的标志。

坐飞机要系好安全带

适逢十一假期，盈盈和妈妈开始了计划已久的旅行。飞机起飞后，透过舷窗看着苍茫的大地、美丽的云层，莹莹感到心旷神怡。

航班起飞后不久，竟然遭到强气流的袭击，飞机开始有些颠簸，空姐紧急提示乘客们要系好安全带。妈妈要求盈盈系上安全带，但盈盈觉得太麻烦，感觉不舒服，执意不系。就在妈妈劝说她的时候，飞机颠得更加厉害了。突然，盈盈被颠出了座位，直接撞到了舷窗边，头部被磕伤。飞机到达目的地后，盈盈被送到了医院。

危险早知道 ⚠

- 坐飞机不系安全带，随着飞机速度的加快，容易被"甩"出座位而发生意外伤害！

- 飞机在飞行中遇到乱流会产生震颤——上下抛掷、左右摇晃，不系安全带，后果不堪设想。

爸爸妈妈说

- ◆安全是第一位的！一定要遵守乘机规定，全程系好安全带，这是对飞行安全最好的支持。

- ◆坐飞机时，当安全带指示灯亮起后，一定要尽早系好安全带，避免意外发生。

正确的做法 ✓

★严格遵守乘机规定，系好安全带。

★意外发生时，要保持冷静，听从指挥。

安全小贴士

在乘机过程中，突然遇到飞机强烈颠簸，旅客须及时系好安全带，并听从乘务员的安全指令。

大车转弯时要远离

在早高峰阶段，路上的车流缓缓前行。在十字路口人行横道处，潘潘正骑坐在自行车上等红灯。

此时，一辆超长的公交车开始右拐，当公交车的前半段从潘潘面前驶过时，他丝毫没有意识到危险正向他靠近。很快，公交车的后半段开始向他靠近，并剐蹭到潘潘的自行车后座处，潘潘顺势倒向了一边。看到发生了事故，公交司机立马停下车，并察看潘潘的受伤情况。潘潘虽然受到了惊吓，但好在只是受了皮外伤，并没有生命危险。

危险早知道

⊙进入大车视线盲区，很容易被大车剐蹭到而受伤。

⊙一旦被转弯的大车卷入车底，极可能会丧命。

爸爸妈妈说

◆车辆在转弯时，会产生一个致命的内轮差，司机视线会有盲区。要警惕！

◆工程车、公交车等大型汽车，由于车身长而且高，司机存在很多视线盲区。司机在车上，对部分车旁的人或物体根本看不见，所以一定要远离这些大型车辆。

◆在交叉路口，对正在转弯或者准备转弯的大车应尽量远离，至少要保持两米的距离，要等待其通过后，再通行。

正确的做法 ✔

★遵守交通规则，把生命安全放在第一位。

★提高安全意识，与大型车保持必要的安全距离！

安全小贴士

要认识到大型车"视线盲区""内轮差"的危险性，做到知危险、会避险，严禁在货车周围随意逗留、穿行。

不骑"疯狂"的摩托

　　15 岁的晖晖酷爱机车。一个周末，晖晖趁爸爸不在家，竟然偷着将家里的摩托车开了出来，并按照约定，接上了同学可可。在一条车辆相对稀少的大街上，晖晖和可可开始了"炸街"飙车模式。他们将摩托车开得飞快，做出各种很酷的动作，一会儿闯红灯，一会随意变道，一会儿大声呼喊，一会儿加速超车，丝毫没有注意自身的安全。

　　在一个十字路口，由于一时疏忽，摩托车出现侧滑并瞬间失去了平衡，晖晖和可可摔向地面。可可摔落后，晖晖和摩托车又向前滑动了一段距离。这时，一辆正在转弯的大挂车，根本来不及躲闪，左前轮轧到了晖晖的身体，导致晖晖当场死亡。因为飙车，造成一死一伤的严重交通事故，也给两个家庭带来了巨大的伤痛。

危险早知道 ⚠

⊙ 骑摩托车上路，出现超速行驶、违规行驶等，特别容易给路人或其他车辆带来巨大危险，造成他人的受伤或者死亡。

⊙ 因为摩托车安全防护性较差，一旦发生交通事故，可能会导致自身或者同伴伤亡。

⊙ 因发生交通事故而导致自身伤亡，会给家庭造成无法弥合的巨大伤痛。

爸爸妈妈说

◆ 未成年人不具备驾驶机动车的资格，尚未取得机动车驾驶证，是严禁驾驶机动车上路的。

◆ 未成年人有种"初生牛犊不怕虎"的劲头，容易在路上骑"疯狂"的摩托，进而导致发生交通事故。

◆ 很多男孩子喜欢骑摩托飙车，就是为了耍酷和追求刺激。殊不知，做这一类刺激性强的事情，往往潜藏着极大的安全隐患。

正确的做法 ✓

★未成年人要多接受交通安全教育，遵守交通规则。

★不抱侥幸和刺激心理，不要把禁止上路的交通工具骑上路。

★不乘坐由未成年人驾驶的机动车辆。

★遇到未成年的同学或者朋友驾驶机动车，要极力阻止其行为。

安全小贴士

未成年人识别危险的能力相对较差，体形小不易被驾驶员发现以及家长监护不当等，都是造成交通事故发生的重要原因。

商场酒店篇

SHANGCHANG JIUDIAN PIAN

玩旋转门易被夹住

中午，雄雄一家人去酒店参加亲戚的婚宴。吃完饭后，雄雄和姐姐来到了酒店门口的旋转门处玩。他们一会儿从旋转门钻出去，一会儿钻进来，偶尔还一起在旋转门内推着门玩。当姐姐再次快速钻进旋转门时，雄雄也跟着钻。结果，雄雄的一条腿被卡住了，他瞬间发出了哭喊声。

听到哭声，家人迅速赶过来。酒店工作人员试图解救，但没能成功，只好拨打了119报警电话。消防救援人员到来后，最终利用玻璃破碎器对玻璃门进行破碎，才将雄雄成功解救出来。所幸的是，雄雄的腿部并未出血和发生红肿现象。

危险早知道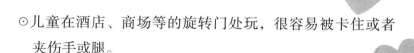

⊙儿童在酒店、商场等的旋转门处玩，很容易被卡住或者夹伤手或腿。

⊙如果卡的部位在躯干，往往会使内脏受伤，最严重的时候会危及生命。

爸爸妈妈说

◆如果是手推的旋转门，门可能会被进进出出的人大力推动，很容易撞伤自己。

◆旋转门一般都是玻璃材质，一旦施救不当，将玻璃门弄碎，也容易造成二次伤害。

正确的做法 ✓

★ 应增强对旋转门的危险性认识，做到安全快速通行。

★ 进出旋转门的时候，切忌逗留、嬉戏和打闹。

安全小贴士

进出旋转门时，如果被夹住，切忌反方向推门，否则会带来二次夹击的伤害。

攀爬装饰物很可怕

一个周末，梦宇和爸爸妈妈来到一家商场买家具，在进入商场一楼时，梦宇看到进口处有一个两米多高的木质雕塑，越看越喜欢。趁爸妈不注意，梦宇竟然攀爬上了这个雕塑。

嘭的一声传来，把周围的人吓坏了。只见木雕塑倒在了地上，而梦宇则被砸在了下面，没有了意识。看着儿子被砸，爸爸妈妈一时惊慌起来，疯了一般冲过去，挪开雕塑，抱着梦宇大声哭喊着。此时，梦宇的头部被严重砸伤，胳膊等处出现了骨折。当120急救车赶到时，梦宇已经没有了呼吸。

危险早知道 ⚠

⊙ 无视警示标语，攀爬商场的装饰物，容易被摔伤、砸伤，甚至死亡。

⊙ 在挪动和攀爬装饰物时，不仅容易伤到自己，也容易砸伤别人，甚至造成不可逆的后果。

爸爸妈妈说

◆ 逛商场的时候，一定要与装饰物保持一定的距离。商场里摆放的装饰物件，如花瓶、盆栽、雕塑等，一旦倒下或破碎，危险无法预料。

◆ 有些装饰物带电，一不小心，可能会发生触电。

正确的做法 ✓

★要有安全意识，严格遵守商场规定，不乱摸乱碰装饰物。

★要讲文明，不故意去踹装饰物，更要杜绝随意攀爬的行为。

安全小贴士

　　商场里的装饰物，大多都是用泡沫、简易木板搭建的，牢固性无法保障。所以，尽量不要在装饰物附近打闹和玩耍。

切忌在自动扶梯上打闹

在大型商场内，蒙蒙和几个小伙伴不断追逐打闹，在行走的人流中跑动嬉戏。

看到有小伙伴跑上了电动扶梯，蒙蒙也跟着跑了上去。此时，那个小伙伴一推，蒙蒙就一屁股坐在了电梯的梯级上。就是这一坐，让蒙蒙陷入了最危险的境地。只见蒙蒙的衣角很快被卷进了电动扶梯的夹缝里。随着扶梯继续下行，蒙蒙的衣服被卷入扶梯夹缝间的部分越来越多。最要命的是，他的胸口和脖子渐渐被紧拉的衣物勒住，呼吸愈发困难。多亏商场工作人员及时发现并将电梯按停，蒙蒙才捡回一条命。

危险早知道 ⚠

⊙ 自动扶梯运行时，爬上传送带，容易从上面摔落，造成无法预料的身体伤害。

⊙ 一旦摔倒在梯级上，不仅容易摔伤，而且衣服也可能会被卷入扶梯，造成更严重的伤亡事故。

爸爸妈妈说

◆ 为了避免发生意外，严禁在扶梯上随意跑跳、蹲坐，不然很容易摔跤、跌落。

◆ 应避免在扶梯运行时推挤别人，更要杜绝在扶梯的进出口处嬉戏逗留。

正确的做法 ✓

★乘坐电梯时，要双脚站稳，扶好电梯扶手。

★不在扶梯上打闹，不随意趴在扶手上。

★一旦被电梯夹住，要及时呼救，请求别人尽快按下"停止"按钮，避免更大伤害。

安全小贴士

一旦有乘客跌倒，离紧急停止按钮最近的乘客可立即按该按钮，按后扶梯会自动停下。

随意挡电梯门风险大

中午，小超要和爸爸妈妈去商场。小超第一个来到了电梯处，并按了按键。电梯到了，电梯门很快处于打开状态。小超一个跨步跳进电梯里，看爸爸妈妈还没到，他就用腿挡住电梯门，不让电梯门正常关闭，而后又用雨伞去挡电梯门。尽管电梯不断发出警报声，但小超根本没有理会。

当小超将雨伞伞柄横在电梯门中间后，电梯门缓缓关闭，雨伞彻底卡在了电梯的缝隙里，导致电梯出现故障而停止运行，而他自己也被关在了电梯里。此时的小超，吓得哇哇大哭起来。

危险早知道 ⚠️

⊙困在电梯里，容易造成极度的恐慌和惊吓。

⊙电梯出现故障，存在急速下坠的可能，严重的容易造成乘梯人员死亡。

爸爸妈妈说

◆卡电梯门，一旦造成事故，可能会危及生命安全。

◆电梯一旦出现故障，会影响其他人的乘梯安全。

正确的做法 ✓

★严格遵守乘电梯的规则，做到文明出行。

★如果发现有人玩电梯、故意毁坏电梯，应该及时向有关
负责人报告。

安全小贴士

维护电梯安全，人人有
责。切忌用身体部位或物品
阻止电梯门的关闭，以防意
外伤害。

小心扶梯上的"车祸"

临近春节，梦梦和家人一起去超市购买年货。一家人推了两辆购物车，不仅购买了米、面、油、肉、蛋，还买了很多水果、蔬菜、饮料以及各种礼品等，两辆购物车都装满了，而且摞得很高。

购买完各种物品，结完了账，一家人就推着满载物品的购物车进入了自动扶梯，购物车的轮子稳稳当当地卡在了电梯沟槽内，开始平稳地向出口行进。即将到出口时，梦梦爸爸力气大，轻松将购物车推出扶梯。当梦梦和妈妈准备将购物车推出扶梯时，由于力气小、货物过重，没能将购物车推出扶梯。更要命的是，车子失控并撞向扶梯下的其他购物车辆和顾客。最终导致梦梦及其他三位顾客出现了不同程度的撞伤和跌伤。

危险早知道

- 满载货物的购物车在扶梯上失控，容易导致扶梯上面的人被撞伤和跌伤。

- 如果购物车严重超载并在扶梯上失控，很可能导致人员死亡事故。

爸爸妈妈说

- 小孩子力气小，安全意识相对薄弱，如果自己将装载物品的购物车推上自动扶梯，是很危险的举动。

- 乘坐自动扶梯时，发现前面有超载的购物车，最好不跟在其后面乘扶梯。一旦发生危险，后果不堪设想。

正确的做法 ✓

★在超市使用购物车，如果要乘用扶梯，最好别装载太多物品。

★在乘扶梯时，要确保购物车的车轮与扶梯沟槽能安全卡住。

安全小贴士

很多超市的电动扶梯是坡面的，推购物车使用时，儿童要避免乘坐购物车。如果自己的车辆或者别的购物车出现失控，儿童容易受伤。

乘坐购物车，小心会摔倒

五岁的女孩宁宁，每次和妈妈去超市购物，都要坐一回购物车。久而久之，就成了习惯。

当宁宁再次坐购物车时，妈妈要挑选商品，就将购物车放手了。此时的宁宁因为想要伸手够别的商品，就从车上站了起来。就在这一瞬间，宁宁失去了平衡，从购物车上摔了下来，导致头部、胳膊等多处受伤。

宁宁还出现了头晕、恶心想吐等症状，随即被送去医院检查，医生发现宁宁颅内有很大的血肿，并伴有骨折，通过开颅手术，宁宁才脱离了生命危险。

危险早知道 ⚠

⊙ 在推着购物车行进时，车上的儿童有可能被其他购物车夹到。

⊙ 乘坐购物车，容易因重心不稳而摔落，造成骨折，甚至死亡。

爸爸妈妈说

◆ 一些购物车，有专门给儿童乘坐的地方。乘坐购物车时，要系上安全带，避免随意挣脱。

◆ 乘坐超市的购物车，应避免几个孩子乘坐同一购物车，也要避免嬉戏打闹。

正确的做法 ✅

★ 了解购物车"使用说明",正确用车。

★ 在购物车交汇时,要懂得文明礼让。

★ 在乘坐购物车时,严禁随意站立或者站在车上够货架上的商品。

安全小贴士

超市的部分购物车容易存在各种问题,比如轮子转动不灵活等,儿童乘坐,存在不安全因素。

乱碰试衣镜易受伤

　　威威一家三口到商场里闲逛。在一个服装店内，妈妈要试穿衣服，爸爸和威威就坐在椅子上等待。忽然，爸爸的手机铃声响起，他马上接起了电话，并和对方说起话来。

　　见爸爸妈妈都忙着，威威有些坐不住了。他下了椅子，开始这儿摸摸、那儿看看。在一块 1.6 米高的试衣镜前，威威先是照镜子，感觉没意思后，又开始搬动镜子。哪成想镜子很不稳，径直拍向了威威。随着哗啦一声巨响，镜片碎了一地，威威也被拍倒在地，而且满脸是血。

　　最终，经医生诊断，威威左耳撕裂，医生对其受伤部位进行了缝合处理。

危险早知道 ⚠

⊙试衣镜倒下来，特别容易砸伤和划伤人。

⊙如果碎裂的镜片划伤动脉，很可能致人失血过多死亡。

爸爸妈妈说

◆商场里的很多镜子都是斜着放的——让照镜子的人很显瘦显高，但是这却非常不利于行人和顾客的安全。

正确的做法 ✓

★照镜子时，与之略微保持一些距离，以确保安全。

★镜子周围没有任何固定措施，也没有任何安全警示，要
尽量远离。

安全小贴士

在商场，不要在试衣镜
旁追逐、打闹，也要避免去
挪动镜子，这样才会保证自
身安全，防止悲剧发生。

护栏前玩耍易坠落

随着节日的临近，商场里满是前来购物的顾客，皮皮一家人也来到了这里。在商场内，12 岁的皮皮和 5 岁的弟弟你追我赶，不断打闹。趁爸爸妈妈在二楼买衣服的间隙，他俩又跑到了二楼的玻璃护栏处。此处护栏有 1.3 米，下面也没有任何防护装置。

"哇，哥哥你看，有小火车！"看着游乐小火车上有很多小朋友，弟弟一时来了兴致。为了视野更好些，皮皮就将弟弟抱起来看。此时的弟弟，将双脚踩在了护栏上，看着下面的小火车，一时间手舞足蹈。皮皮因为分神，随着弟弟一个猛烈的扭动和转身，导致自己的手出现了松动，弟弟竟从护栏处掉了下去。随着人们的惊叫，弟弟重重地摔在了一楼的地上，没有了任何意识。当医院的急救车赶来时，弟弟已经没有了呼吸。皮皮的爸爸妈妈呼天抢地，却不能挽回孩子的生命。

危险早知道 ⚠

◆抱着儿童在护栏处，一旦有人撞到自己或者自己没能抱稳，容易发生儿童意外坠落事故。

◆攀爬护栏，更容易出现脚踩空的危险情况，导致坠落。一旦发生儿童坠落事故，轻则摔伤，重则死亡。

爸爸妈妈说

◆护栏虽然是为了保护人身安全而设立的，但是在有些时刻危险性也很大。因此，最好离护栏距离远些更可靠。

◆即便看起来很结实的护栏，也可能存在老化、松动的风险。即使只是站在护栏边，也达不到百分百安全。

◆有的护栏成了广告区，五彩斑斓的画面完全掩盖了背后的危险，还是要提高警惕，别轻易靠近。

◆如果遇到了坠楼事故，请与事故现场保持距离，方便隔离保护现场，也方便医护人员救援。

◆有的玻璃护栏，甚至有脱落的危险，这里常常会成为高空坠物的高发区。

正确的做法 ✓

★经过护栏时，不要在护栏处打闹和攀爬。

★别太靠近护栏，尤其是在人多的时候。

★任何时候，都不要在护栏处推挤别人，要做到文明礼让。

★严禁去推动和晃动商场护栏，以免护栏倒塌坠落。

★不举抱幼小儿童站在护栏上，避免幼儿坠落。

★发现有小朋友在商场护栏处玩，要及时向家长报告。

安全小贴士

逛街时，如果想休息，应避免倚靠护栏，可以选择购物中心里的休息区或甜品店。总之，最安全的方法就是：尽量离护栏远一些。

户外活动篇

小心毒蘑菇

夏日的一天，大春一家人开车来到了一处野外的山林中捡拾蘑菇。草窠里、树根下、腐叶中，到处是大大小小的蘑菇，各式各样。

在捡拾蘑菇时，大春为了比别人捡得多，没有仔细分辨蘑菇是否有毒，也不管好坏，很快就捡了一大筐。在他捡的蘑菇中，有一种有毒的蘑菇——和一些无毒蘑菇很相似。

回家后，妈妈给全家人做了一顿丰盛的蘑菇宴，一家人品尝了一顿难得的野味。然而，就在他们吃完后不久，全家人都出现了不同程度的呕吐、腹泻等中毒现象。好在就医及时，一家人才脱离了危险。

危险早知道

⊙误食毒蘑菇，会出现恶心、呕吐等症状，部分患者可能会伴有精神症状。

⊙如果误食过多毒性高的蘑菇，且中毒症状严重，很可能会死亡。

爸爸妈妈说

◆对于路边和山上的野生蘑菇，尽可能不随意采摘，尤其是那些无法分辨的蘑菇，以防止为了一时的嘴馋而中毒。

◆最好不在路边摊贩处买蘑菇，即使在正规市场上购买野生蘑菇，也不能放松警惕。要做到不偏听偏信，不轻易食用。

◆家庭人员聚餐、外出朋友聚餐及外出旅游等，要慎食野生蘑菇，以确保饮食安全。

正确的做法 ✓

★ 不要轻易采摘野生蘑菇，要分辨蘑菇是有毒还是无毒。

★ 一些蘑菇在食用前，要洗净和焯烫。

★ 食用野生蘑菇后，出现肠胃不适，一定要重视，及时就医。

安全小贴士

现阶段，对于毒蘑菇中毒还没有特效疗法。一旦误食野生蘑菇出现中毒症状，最好赶紧采用催吐等方法进行排毒，而后尽快到医院接受治疗。

喝山泉水，可能会生病

　　暑假期间，大雷去了乡下的爷爷奶奶家。这段时间里，大雷经常与小伙伴去山里放牛，去河里摸鱼，饿了吃烤土豆，渴了喝山泉水，每天过得很开心。

　　大雷的身体一直很好。可是有一天，他突然感到头痛异常，还发起烧来。爷爷奶奶赶紧将他送到了医院。在医院，医生给大雷做了详细的检查，让人感到恐怖的是，他的身体竟然感染了两种寄生虫——肝吸虫和管圆线虫。大雷最后被确诊为脑膜炎。

　　医生解释说，这可能和大雷最近喝山泉水有关。在山泉水中，普遍存在着肝吸虫和管圆线虫。由于喝了山泉水，大雷感染肝吸虫和管圆线虫的可能性就很大。

危险早知道 ⚠

⊙生饮山泉水，容易把细菌和寄生虫喝进肚里。

⊙如果肠胃功能弱，很容易导致肠胃疾病。

⊙感染管圆线虫，很可能导致脑膜炎。

爸爸妈妈说

◆从卫生的角度来讲，在野外，尽可能不喝山泉水；从家里带凉白开，会更安全。

◆山泉水煮沸后，虽可杀死部分细菌和寄生虫，但残留的某些微生物，不一定能完全被消除。

正确的做法 ✅

★要喝山泉水，最好是过滤和煮沸后，再饮用。

★如果饮用山泉水后，出现腹泻、腹痛、呕吐等不适现象，应及时就医。

安全小贴士

　　山泉水虽然清澈透明，口感清冽甘甜，但是对人体有害的物质，如重金属、寄生虫等是看不见摸不着的，不能仅凭外观和口感盲目饮用。

蜜蜂可不是好惹的

七月初，小吉和伙伴们在山林里玩，发现一棵树上有蜂巢。蜂巢上，黑压压地趴满了蜜蜂。

"这个蜂巢好大呀，估计里面肯定有很多蜜。"一个小伙伴说道。一听这话，小吉等几个人顿时来了精神，他们决定和蜜蜂来一场决斗。他们很快找来了厚外套，用作防护装置。每个人都拿着一些树枝，当作防护武器。一切准备妥当，他们开始拿土块等向蜂巢投去。一时间，蜜蜂炸窝了，开始向他们呼啦啦地飞去。虽然他们竭力防护和躲藏，小吉还是被蜇了两下，并出现了呼吸困难、全身无力等情况。好在就医及时，经过紧急抢救，小吉脱离了生命危险。

危险早知道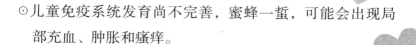

⊙儿童免疫系统发育尚不完善，蜜蜂一蜇，可能会出现局部充血、肿胀和瘙痒。

⊙如果发生嗓子发紧、发干、皮疹等过敏反应，容易出现休克、昏厥，如未得到妥善处理并及时就医，有可能导致死亡。

爸爸妈妈说

◆被蜜蜂蜇后，为了减轻疼痛症状，可以先用肥皂水清洗蜇伤的部位。

◆如发现感染化脓现象，一定要尽快就医，交给专业的医生处理。

正确的做法 ✓

★应避免无故去攻击蜜蜂，遇到蜂巢，尽可能远离。

★被蜜蜂蜇后，应尽快在不挤压的情况下取出毒针，防止蜂毒进一步扩散。

★用冰袋或者凉毛巾敷在蜇伤部位，可以有效缓解痛感。

★被蜜蜂蜇后，出现皮疹现象，应立刻就近就医。

安全小贴士

如果遇到蜜蜂，一定要冷静地等它飞走，切忌惊慌驱逐，这样可能会激怒蜜蜂，带来不必要的危险。

蹦床可能"蹦"出伤

　　在龙龙家附近的广场上，最近安装了蹦床，很多孩子都到那里去玩。龙龙也按捺不住玩心，央求妈妈只玩一会儿。"老板，玩一次蹦床多少钱？"妈妈问道。"一次 10 元，可以玩 10 分钟。"老板回答说。在交了钱后，龙龙很快玩起了蹦床。在上下反复冲击弹动中，龙龙感到很兴奋。

　　龙龙玩完后，就在松开腰带的瞬间，他忽然瘫倒在地。一开始，妈妈还以为他是蹦晕了，可是过了一会儿，龙龙还是没有恢复。妈妈赶紧将他送到了医院。通过检查，龙龙的胸髓出现严重损伤，双腿没了知觉。妈妈对此懊悔不已。

危险早知道 ⚠

⊙玩蹦床时，如果落床不稳，容易导致下肢受伤。

⊙从蹦床上以跳水姿势跳下，可能会发生脊椎骨折，有发生高位截瘫的风险。

爸爸妈妈说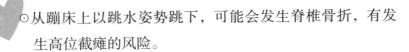

◆对于小朋友而言，玩蹦床不失为一种锻炼身体的新方式。但蹦床潜藏着不少危险，切勿忽视这一点。

◆很多孩子喜欢在蹦床上跳跃和翻筋斗，可一旦落地方式错误，就极易造成永久性伤害。

正确的做法 ✓

★根据自身情况，决定是否能参与蹦床。

★尽量在蹦床中间玩耍，以防止摔到蹦床边沿。

★应把握玩乐时间，避免蹦跳时间过长。

安全小贴士

玩蹦床前，必须先热身，应避免单脚跳和空翻，也要避免连续跳两个床面，不要两人同时在蹦床上跳跃，避免追逐打闹。

露天充气城堡，容易被掀翻

天气晴朗的周末，广场上的充气城堡处不断传出孩子们的嬉戏声。看着很多孩子爬上爬下，快乐玩耍，小雪也想去城堡里玩。在妈妈购买了玩票后，小雪很快进入了欢乐的城堡。

正在孩子们玩得高兴的时候，一阵狂风携着风沙突然而至。只见三四米高的城堡瞬间被掀了起来，很多孩子被抛向空中，现场一片哭喊声。家长们一时都喊嚷着，寻找着自己的孩子。当妈妈找到小雪时，发现她头部摔伤，并已经昏迷。

这次事故，造成了严重的儿童伤亡。幸运的是小雪经过紧急抢救，最终醒了过来。

危险早知道 ⚠

⊙炎热的天气，经过暴晒的充气城堡可能会受热膨胀，存在爆炸破裂的风险。

⊙自身漏气或对其放气，可能会使来不及离开的儿童造成窒息。

⊙充气城堡若无固定装置，或固定措施不到位，遇大风天气极易被掀翻或吹飞，导致摔伤、压伤或从高空坠落等伤害事件发生。

爸爸妈妈说

◆虽然充气城堡体积巨大，但是自重较轻，遇到大风天很容易被折叠、掀翻，甚至被吹飞。

◆在大风、酷热等恶劣天气条件下，最好避免进入室外充气城堡玩耍，以免发生意外事故。

◆在充气城堡中玩耍，切忌携带坚硬或尖锐物体，以免划破游乐设施而对自己和他人造成伤害。

◆很多危险都发生在大风天气时，因此，应尽量选择在室内的充气城堡玩。

正确的做法 ✓

★应远离老旧、刺激气味大、无固定的充气城堡。

★应避免在充气城堡内吃东西，避免发生意外。

★风大、高温的日子，应避免在户外玩充气城堡。

安全小贴士

目前，市场上大多数充气城堡存在安全隐患，玩耍的人数较多时，容易发生踩伤、压伤等伤害事件，一定要当心！

玩水上步行球，有隐患

在海南旅游时，小蝶和两个小朋友在游乐园玩起了水上步行球。进球后，两个小朋友不断蹦跳和蹬踹球体，使步行球不断在水上翻滚。而小蝶一进去，就开始一个劲儿地栽跟头，甚至产生了眩晕的感觉。

在不断的喧闹中，小蝶产生了恐惧的情绪，她开始呼救，但里面的小朋友和外面的爸爸妈妈都以为她在搞怪,根本没有当回事。当她的步行球和别人的步行球撞在一起后，小蝶被球内摔倒的小朋友踩伤了，她哇哇大哭起来。这时候，外面的爸爸妈妈才发现不对劲，赶紧想办法将小蝶从步行球里抱了出来。

危险早知道 ⚠

- ⊙ 玩水上步行球时，在互相碰撞或者是撞到硬物时，容易使人受伤。

- ⊙ 步行球是全密封的，一旦不小心被尖硬物刺破，气体将很快泄漏，在水中会整体下沉，危及生命安全。

爸爸妈妈说

- ◆ 水上步行球是封闭的，当氧气不断减少时，二氧化碳就会增加，时间久了，会造成氧气不足。

- ◆ 水上步行球没有紧急出口，游玩者被"锁"在球里面，当感到不适时，其他人并不能马上知道，这就大大增加了受伤或窒息的风险。

正确的做法 ✓

★玩水上步行球时，身上不要带坚硬物品。

★应依据自身身体状况，来决定是否玩步行球。

★玩步行球时间不宜过长，感觉身体不适时，一定要停止玩耍。

安全小贴士

水上步行球好玩，但有安全隐患。如遇大风、雨、雪、雾、冰雹等天气，尽量不玩，以免发生意外事故。

在野外滑冰，容易出意外

放学后，刘洋和小伟急匆匆地奔向了公路旁的一处冰封河面，开始滑起了冰。感觉玩够了，就又比赛玩起了打陀螺，玩得热火朝天。

为了找到更好的平整冰面，他俩来到了冻河的中央，刘洋走在前面，小伟走在后面。由于入冬不久，冰面并未完全冻结实，随着咔嚓一声的脆响，刘洋噗通一下掉进了冰河里，并开始扑腾起来。小伟急忙去救，也掉进了河里。路边的人看到后，都赶过来施救。最终，刘洋被救上来了，但小伟却不幸失去了生命。

危险早知道 ⚠

- ⊙在冰面上穿行和滑行，可能会出现摔跤、碰撞等，造成意外受伤。

- ⊙如果冰面太薄，可能会因为冰面碎裂掉入河中，造成溺水身亡。

爸爸妈妈说

- ◆看起来厚厚的冰，实则危险重重，一旦冰面断裂，会带来很大的危险，后果不堪设想。

- ◆在冰面上玩耍是一件非常危险的事情！有些钓鱼爱好者砸开冰面钓鱼，这些冰窟窿稍不留神就会致人落水。

- ◆要知道，冰况是多变的，小朋友切勿"以身犯险"。

- ◆滑冰溺水是冬季一大杀手，每年，因为滑野冰而发生的安全事故比比皆是。

- ◆万一掉入冰窟，不要惊慌，一边大声呼救，一边攀住未破裂的冰面，以避免身体沉入冰水之中。双手及双臂千万不要乱扑乱打，这样会使冰面断裂的面积加大。

正确的做法 ✓

★切忌瞒着大人去滑野冰，也要避免去刚封冻的河面上玩。

★发现伙伴去危险的冰面上玩耍，要及时提醒和劝阻并向大人报告。

★当发现有人落入冰窟时，要大声呼救，一定要寻找大人帮助或报警。

安全小贴士

滑雪滑冰，要到正规场地。尤其立春后，冰雪会逐渐融化，此时切勿滑野冰，以免造成不必要的危险。

游野泳，易溺亡

炎炎夏日，东东和四个小朋友趁着大人们午睡之际，偷偷溜出各自的家，一起来到了山里的一条大河里玩水。

在水里，他们一会儿摸鱼，一会儿游泳，一会儿互相撩水，尽情享受着夏日里的清凉与舒爽。当他们来到河水的深水区时，一个小伙伴忽然被一股急流卷走，并很快沉没在水里，东东和其余几个小伙伴拼命呼喊并试图营救，都没能成功。

几个小时后，救援人员和乡亲们在河流的下游，找到了已经溺亡的孩子。

危险早知道 ⚠

⊙在河水的深水区，可能存在急流和漩涡，在此玩水，容易发生溺亡事故。

⊙看到伙伴有危险，盲目下水救援，容易因为体力不支和其他原因导致自己溺水。

爸爸妈妈说

◆有很多人认为，只要会游泳，在水里就是安全的，从而放松了警惕。这个误区很害人！

◆想游泳，要到安全、正规的游泳池，并且要有监护人陪同。

◆一旦发现有人溺水，应及时呼救，让有能力的人去施救。

◆水下的世界很危险，特别是水库、池塘、河流等野外水域，不懂水性的，一旦掉到水里，可能连呼救的机会都没有。

◆在水边游玩时，如果有随身物品掉进水里或被水冲走，切忌自己下水打捞，要寻求大人的帮助，不要害怕物品丢了会遭到父母责怪，父母是不会责怪的。一定要知道下水打捞东西是非常危险的。

正确的做法 ✓

★应避免私自去野外的河流、湖泊里游泳。

★切忌到不熟悉、无安全设施的水域游泳。

★发现有人溺水，不熟悉水性的人，不要下水施救。

安全小贴士

溺水，已成为未成年人意外死亡的"头号杀手"！为了生命安全，切忌在野外私自下水，要做到不去不明水域游泳。

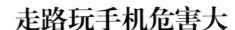

走路玩手机危害大

13岁的晶晶是个手机迷。无论是在家，还是在路上，她都喜欢捧着手机玩。妈妈说过她很多次了，但是她就是不听。

一天，妈妈叫她去超市买东西，她愉快地答应了。"太喜欢这个直播姐姐了，怪不得她有这么多的粉丝。"晶晶一边走着路，一边旁若无人地看着手机，还不时叨咕几句。走到马路中央时，她只顾玩手机，并忽然停下了。一辆车因为躲闪不及，直接将晶晶撞飞，晶晶也当场殒命。

危险早知道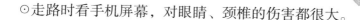

⊙ 走路时看手机屏幕，对眼睛、颈椎的伤害都很大。

⊙ 走路玩手机，稍微不留神，可能会踩空，出现擦伤和摔伤等意外。

⊙ 过马路时，只顾低头玩手机，忽视周边的环境，很容易引发交通事故和其他意外事故。

爸爸妈妈说

◆ 听音乐、发微信、聊 QQ、玩游戏，是过马路时的"隐形杀手"，切忌一心二用！

◆ 一边走路，一边盯着屏幕，一旦遇到紧急或突发情况，无疑会让意外伤害的风险倍增。

正确的做法 ✓

★过马路，一定要集中精神，拒做"走路低头族"！

★遵守交通规则，养成出行好习惯，避免意外发生。

安全小贴士

很多人自以为可以边看手机边观察交通情况，不会有什么危险。然而，危险的发生就在一瞬间。所以，从自身安全出发，走路不要玩手机。

户外健身器材存在危险

晴朗的夏日，五岁的多多和妈妈来到了小区的健身器材区域。妈妈玩了一会儿健身器材后，就开始坐在长椅上看手机，留下多多一个人独自玩耍。

正当妈妈聚精会神地看手机时，多多突然发出一声惨痛的哭声。妈妈听到后，吓得惊慌失色，三步并作两步跑过去。只见健身器材夹住了多多的手指，而且伤得很严重。妈妈立即搬开健身器材,将多多的手指拿出，此时多多的手指已经出现了夹伤和红肿。看着痛哭的儿子，妈妈来不及心疼，立即将多多送往了医院。

危险早知道 ⚠

⊙ 在健身器材旁玩耍，稍不留意，可能会被其他正在锻炼的人撞伤。

⊙ 在使用健身器材时，一旦操作不规范，可能会被夹伤和磕伤。

⊙ 攀爬健身器材，容易摔下来，导致骨折等伤害发生。

爸爸妈妈说

◆ 玩健身器材时，小朋友要避免随意地摆弄或做一些高难度动作！

◆ 一旦发现健身器材有损坏，应尽量远离，避免发生意外情况。

正确的做法 ✓

★儿童在家长陪护下才能使用健身器材。

★在使用健身器材时，要规范操作。

★使用过程中，应注意提醒旁边的人员，以防止发生碰撞事故。

安全小贴士

健身器材大多是根据成年人人体特点设计的，并不适合小朋友。使用健身器材前，一定要留意"儿童不宜使用"之类的提醒。

致命的高空坠物

悦悦是一个七岁的女孩，因为高空坠物，她住进了医院的儿童重症监护室。

几天前的那个周末，悦悦和妈妈在自家店里。感觉屋子里热，悦悦就把小书桌搬到了店外，开始做老师留下的家庭作业。当悦悦正专心做作业时，一个从高楼上落下的坠物正好砸到了悦悦的头上，一时间，她头部鲜血直流，并很快陷入了昏迷状态。妈妈当时吓坏了，一边抱着重伤的悦悦，一边大喊帮忙救孩子。120 急救车来了，并很快将悦悦送往医院。据救治医生介绍，悦悦送来得非常及时，目前已脱离了生命危险。

危险早知道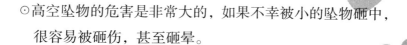

⊙高空坠物的危害是非常大的，如果不幸被小的坠物砸中，很容易被砸伤，甚至砸晕。

⊙因人为、天气等外因产生大的高空坠物，轻则致伤致残，重则性命难保。

爸爸妈妈说

◆严禁随便往窗外乱扔东西，你在楼上一个不经意的小动作，都可能给楼下的人造成危害。

◆不少易发生高空坠物的地方，都设置有警示标志，路过有警示标志的地段，要加倍小心。

◆看到能被风吹动的悬挂物，即使看起来安全，也一定要避开。

◆大风天或大雨天外出时，应避免紧贴墙面老化的大楼、摆有杂物和有悬挂物的居民楼，以及在广告牌下行走或逗留，以免发生意外。

◆就算是小衣架或衣服，由于楼层高度高，也可能使它们成为极具杀伤力的凶器，很容易造成人身意外伤害事故。而安装的花架或空调，一旦坠落，更是极易酿成死亡惨剧。

正确的做法 ✓

★养成文明行为，严禁高空抛物。

★要提高安全意识，行走在楼下时，要多观察多留意。

★不要在紧贴楼体的地方休息、聊天和做其他事情。

安全小贴士

为避免高空坠物伤及自身和他人，在看到高空中有摇摇欲坠的物体时，要迅速远离并及时向消防等部门反映，请其处置，消除安全隐患。

外出旅游篇

WAICHU LǚYOU PIAN

野生动物极容易伤人

在野生动物园区，小李浩和家人坐着私家车观赏着沿途的动物和风景。灵动的野鹿、敏捷的猴子等，让李浩看得兴致勃勃。

当车缓缓行驶到一处矮丘后，李浩竟然打开了车窗，将手臂放到车外，招呼着远处的动物。忽然，随着一声吓人的吼叫，一只老虎从山丘后蹿出来，直接向车辆跑来。妈妈一下拽回了李浩的手臂，并迅速关上了车窗。李浩吓得大惊失色。

当爸爸驱车快速离开老虎出现处后，严厉地批评了李浩的危险举动。一家人此时都有些后怕。

危险早知道 ⚠

⊙一些禽类的细小绒毛，会引起呼吸道疾病或过敏。

⊙有些动物带有细菌和寄生虫，接触后容易被感染。

⊙近距离接触野生动物，可能会被抓伤或咬伤。

⊙过分逗弄动物，极容易引发动物的攻击！

爸爸妈妈说

◆去动物园游玩，一定要遵守各项规定，注意看警示牌，切忌放松警惕！

◆许多动物看似温驯，但也有心情暴躁的时候，如果此时近距离接触它们，就很有危险了。

◆一般情况下，被防护网隔开的动物都是十分凶猛的，切忌翻越栅栏，或是脸贴、手扶隔离网，以免被动物伤到。

◆在开放的野生动物园区内，一定要坐在车内参观，切忌开窗并将手、头伸出车外，更不要下车。

正确的做法 ✅

★学习并了解相关的动物知识，懂得自我保护。

★去动物园游玩，必须要有大人的陪同。

★跟动物保持安全距离，避免拿食物挑逗它们。

★参观凶猛动物，必须站在安全区内。

安全小贴士

不是所有动物都可以近距离接触，要能够正确辨别，做到文明观赏，安全观赏。

爬树摘果子，小心摔下来

五月的郊外，紫红饱满的杨梅成熟了。看着满树的果实，甜甜馋得直流口水。想到一个人摘，有点儿难度，甜甜于是叫来了擅长爬树的大宇，准备和他一起摘。

大宇挽起衣袖，开始爬树。只见他身手敏捷，很快就爬到了高处。他一边摘着，一边吃着，一副特别满足的神情。此时，他发现有一处又大又喜人的杨梅，就是有点儿远。就在大宇试探着去摘的时候，骑坐的树杈咔嚓一声断了，他顺势摔了下来。一时间，大宇的意识模糊起来，还出现了恶心、呕吐的情况，家人很快将他送往了附近医院。

危险早知道 ⚠

⊙树枝的尖梢，很容易刮破衣服或划伤皮肤。

⊙树上可能存在毒昆虫，一不小心容易被蜇伤。

⊙如果树枝突然折断，或者没踩稳坠落，容易造成摔伤或者死亡。

爸爸妈妈说

◆爬树摘果子，不仅容易损坏树木，还有可能从高处坠落，轻则受伤，重则失去生命，后果不堪设想。

◆如果想摘果子，可以使用竿子、梯子等辅助工具，这样既省心，又安全，也尽可能避免了出现意外情况。

正确的做法 ✓

★应尽可能避免在没有任何保护措施的情况下，独自爬树摘果子。

★如果已经爬上果树，应仔细判断要踩的枝丫能否承受自身重量，切忌为了摘到好的果实而置危险于不顾。

安全小贴士

如果有人不慎从高处摔下，尽量不要翻动或者移动伤者，防止造成二次伤害。应第一时间拨打120电话求助，等待专业急救人员到来。

玩过山车，要量力而行

夏日的欢乐谷，摩天轮、海盗船、翻滚的过山车……令人眼花缭乱，到处是热闹欢乐的景象。

闹闹和萍萍两家人也来到了游乐城，在玩了一些项目后，他们来到了过山车前。闹闹嚷着说："太好玩啦！爸妈，我要玩这个。"闹闹的爸妈答应了。萍萍接着说："呀，这也太高太快了吧！""你真是胆小鬼，这有什么好怕的。"闹闹说道。"你才是呢，我才不怕呢，我证明给你看。"萍萍不服气地说。

很快，他们就坐上了过山车。在一阵风驰电掣和翻滚中，萍萍吓得哇哇大哭。下了过山车后，萍萍甚至还出现了眩晕、呕吐等症状。

危险早知道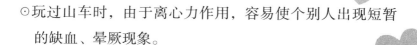

⊙ 玩过山车时，由于离心力作用，容易使个别人出现短暂
  的缺血、晕厥现象。

⊙ 老年人、心血管病人或者身体素质比较差的人，也存在
  出现意外的可能。

爸爸妈妈说

◆ 玩过山车之前，要依据自己的身体状态，决定是否要玩。
  如果有恐高症、心脏病等，要避免玩过山车。

◆ 为防止颈椎受伤，玩过山车时，头与颈最好贴紧头垫，
  切忌乱动。

正确的做法 ⊘

★ 如果身体条件允许玩过山车，要保持轻松的心情，不要紧张。

★ 玩过山车时，一定要系好安全带，以防止过山车运行时出现意外松动。

★ 坐过山车，尽量全程保持头向后靠，以防止自己身体部位受伤。

安全小贴士

玩过山车时，如果身上有手表、眼镜等物品，一定要提前摘下来，否则这些东西很容易被甩落，导致丢失和砸伤人。

乘坐缆车防掉落

冬日的周末，诺诺、小超跟随家长来到了滑雪场。皑皑雪道上，人们在滑雪中体会着冬天的乐趣。

诺诺和小超在乘坐缆车上山的过程中，不断打闹着，你打我一下，我推你一把。很快，诺诺竟然掀起了缆车的防风罩。因为打闹，诺诺突然从座椅上滑落，并最终从空中跌到雪面。此时的小超吓坏了，诺诺的爸爸妈妈也吓得大喊大叫。

事发后，雪场工作人员及时赶到。所幸的是，诺诺掉落的区域为造雪区，并非滑道，加之前几天有自然降雪，所以雪质松软，诺诺身体并无大碍。

危险早知道

○患有心脏病、恐高症以及不适宜登高的人，最好避免乘坐缆车，以免发生意外情况。

○擅自打开缆车安全防护装置，特别容易发生人员坠落而导致伤亡的事情。

爸爸妈妈说

◆认真阅读索道入口处悬挂的"安全注意事项"或"安全须知"以及有关的警示标志。

◆在车厢内，坐稳扶好才安全，切勿晃动轿厢或吊椅，切勿将头和手等身体的任何部位伸出窗外。

◆到站下车时，要听从工作人员疏导。按顺序下车后，及时离开索道的运行区域。

正确的做法 ✓

★应自觉排好队，按照工作人员安排，有序上缆车。

★缆车运行中，不打闹、不乱晃，严禁打开车门。

安全小贴士

如遇缆车突然停止，要耐心等待，并注意收听广播的安全提示。在等待缆车恢复运行或救援期间，严禁自行设法打开轿厢门或护栏。

在海边玩耍要警惕

　　暑假期间，刘灿等几名中学生来到了大海边。看着蔚蓝而平静的大海，大家很是兴奋。刘灿等两个会游泳的同学最先下了水，紧接着，其他三个同学也试探着下了水。

　　为了感受大海，大家来到了离岸边有些远的区域。渐渐地，海水有些不平静了。刘灿忽然喊道："快回岸上，好像要涨潮了。"其他人都觉得刘灿太谨慎了，根本不会有事的。不多会儿，潮水越涨越快，浪也越来越大，他们开始疯狂地向岸边移动。就在快到岸上时，回落的潮水，瞬间将两名同学卷回了海里。多亏营救人员及时赶到，才将被困的两名学生救起。

危险早知道 ⚠

⊙去陌生的海域中游泳，可能会被海中的生物蜇伤而中毒。

⊙未注意潮汐规律，而又涉足危险区域，存在被海浪卷走
或溺亡的可能。

爸爸妈妈说

◆大海看似美丽，却有着我们不知道的"暴脾气"！去海
边游玩，一定要注意潮汐变化，及时回到岸边。

◆涨潮的时候，海水是涨得很快的，可能几分钟的时间，
海水就会从小腿的地方没到腰身！

◆退潮时，应杜绝下水，此时的危险远大于涨潮，因为海
水退的力量非常大，人在海中，很容易被推到岸边较远
的地方。

◆在海边玩耍，一定要远离可能发生离岸流的区域，如果
在这个区域的岸边逐浪，很可能发生被强劲水流冲走的
情况。

正确的做法 ⊘

★下海前，一定要看海边的警示牌。

★没有大人陪同，切忌单独到海边玩耍。

★要去正规的海边景区，不去陌生危险的海域。

安全小贴士

如果遇到同伴溺水，在保证自身安全的前提下可在附近寻找长木棍、绳索或者易于漂浮的木板扔向水中，要及时大声呼救并拨打110报警电话。

到野外爬山容易被困

　　高中生李宽和两个同学特别喜欢爬山，他们对于野外探险也是情有独钟。周六的早上，三个人一起打车来到了50多公里外的山区，开始了周末的野外爬山活动。

　　刚开始，山区地形还不是很复杂，李宽三人一路上还是很顺利的。但是当他们再继续前行时，地形逐渐复杂起来，只见山林茂密，山势陡峭，貌似无人踏足过这里。下午的时候，这里忽然下起了大雨，他们感到异常寒冷，下山的路也是湿滑泥泞。更严重的是，其中一个同学的脚扭伤了，根本无法行走，而他们也逐渐出现了轻度失温的状态。面对危险的逼近，李宽拨打了消防部门的电话。

　　消防部门接到求助后，立即组织人员进山搜救，最终在一山沟偏僻处找到了他们，并将他们安全送下山。

危险早知道 ⚠

⊙到野外爬山，容易因为迷路、天气和受伤等原因，被困山中。

⊙一旦被困山中，可能会出现手机没电或没信号等状况，无法与外界取得联系。

⊙在爬山过程中，可能会发生摔伤、坠崖身亡的事情。

⊙如果遇到极端天气，出现严重失温，很容易导致人员死亡。

爸爸妈妈说

◆爬山并不都是危险的，但要选择安全熟悉的山区，或者景区内的山，应避免去较远的野外爬山。

◆未成年人去野外爬山，可能会因为准备不充分、野外求生经验不足、自身心理脆弱等原因，出现预料不到的致命危机。

正确的做法 ✓

★不瞒着大人私自去爬山。

★要有危险意识，避免去荒无人烟的山区爬山。

★即使去附近爬山，也要有大人陪同，并做好安全措施。

安全小贴士

当被困在山区后，不要惊慌失措，要第一时间撤到安全区域，并拨打救援电话，报告大致位置。同时，要做好安全防护，千万别乱走，耐心等待救援。

崖边拍照须谨慎

舟舟和爸爸妈妈去国内某景区游玩，当到达景区后，舟舟被山水等自然美景所吸引，这个时候照相机就派上了大用场，舟舟让爸爸妈妈给他拍了很多照片。

当他们爬上景区的最高峰时，眼前是一片神奇的景象——群山巍峨起伏，流云如瀑似练，如一幅水墨画。在峰顶的崖边，有着"危险，禁止靠近"的标识，但舟舟觉得没什么可怕的，就准备攀爬到一个崖边的巨石上拍照。当爸爸妈妈回头发现舟舟正在爬巨石时，吓得够呛，急忙叫他下来。此时，景区的工作人员也看到了，指出了舟舟的危险做法并对其进行了安全教育。

危险早知道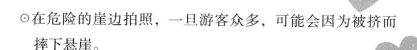

⊙在危险的崖边拍照，一旦游客众多，可能会因为被挤而摔下悬崖。

⊙攀爬崖边的巨石，很容易因为没站稳，或者手没攀住而滑下悬崖，极有可能出现伤亡。

爸爸妈妈说

◆外出旅行，切忌到护栏外、悬崖边这些危险的地方去拍照，以防不测，毕竟人身安全最重要！

◆很多人为了一张耍酷的照片，而置自己于危险之中。这种玩命拍照，其实真的一点儿也不酷。

正确的做法 ⊘

★旅游时，要注意观察危险提示，不在危险区域攀爬和拍照。

★在旅游区的陡峭地方，做到不拥挤、不推搡别人，要保证自身和他人安全。

安全小贴士

在游玩的过程中，什么危险都有可能发生，因此要做好安全防护，不随意涉险，做一个懂安全、讲文明的游客。

"黑车"可能会宰客

暑假到了，大学生周航与两个同乡同学没有买到高铁票，就打算打车回家，大约五个多小时车程。他们很快联系到了一个"黑出租"，约定每个人200元打车费，并预先支付。

当"黑出租"行驶到一半路程时，司机找理由要求每个人多加100元的打车费用。周航他们三个人很生气，就和司机理论起来，但司机根本不理会，还威胁说，如果不多给钱，就把他们三个放到路上。想想外面荒无人烟，三个人纵然气愤，也不得不答应了司机的无理要求。周航等三人彻底被黑出租司机"宰"了一把。

危险早知道 ⚠

⊙乘坐"黑出租车"，一旦出现矛盾，可能会被威胁收取巨额乘车费，或者被撵下车，进而被困路上。

⊙坐"黑车"，如果不幸发生交通事故，无法得到相应赔偿。

爸爸妈妈说

◆害人之心不可有，防人之心不可无。外出旅行，应避免乘坐不正规的出租车，以防止掉入套路之中。

◆去陌生的地方旅游，最好乘坐公共交通工具，这样不仅能保证人身安全，而且也有利于减少财产损失。

正确的做法 ⊘

★不要因贪图便宜和方便，而乘坐不正规的交通工具。

★任何时候，都要提高出行的警惕心，尽量避免和陌生人拼车。

安全小贴士

外出打车时，乘"黑出租车"百害而无一利，千万要谨慎。一旦遇到紧急情况，要及时报警求助，以避免受到不必要的伤害。

不正规旅馆，存安全风险

大学生冯翔是一个旅游爱好者，每到寒暑假，他都会去往国内的景区游玩。在旅行中，他不仅开阔了视野，也了解了各地的风土人情。

一次，冯翔在去往某城市时，因为下车时是后半夜，而且很多大的宾馆已经客满，无奈之下，他就找了一个比较便宜的不正规的小旅馆住下。他心想，小旅馆住宿很便宜，也是一个不错的选择，而且以前也住过几次。

冯翔在旅馆睡了一觉后，起床去卫生间，而卫生间远在外面走廊的尽头。冯翔迷迷糊糊地就去了，就在他上完卫生间回来的时候，却发现房间里的手机以及钱包等物品都不见了。此时，冯翔彻底清醒了，只感觉血往上涌，脑袋一阵眩晕。无奈之下，他只好找到宾馆老板说明情况。宾馆老板说走廊监控坏了很久了，一时也无能为力。这时的冯翔感到很无助，只好选择了报警。

危险早知道 ⚠

⊙外出旅游，选择不正规的宾馆住宿，很容易出现现金和物品被盗的情况。

⊙在一些宾馆中，可能会存在私自安装的偷拍设备，极容易泄露个人隐私。

⊙某些不正规的宾馆，安保措施很不到位，会存在人身安全受侵害的可能。

⊙如果宾馆安全出现漏洞，可能还会出现伤亡事故。

爸爸妈妈说

◆去外面旅游，最好不要一个人，因为一旦遇到危险，容易陷入被动无援的局面。

◆选择宾馆住宿，要选择正规宾馆，仔细检查屋内是否有偷拍监控。临睡前，要把门窗锁好关好。

◆防火防盗防侵害，是必不可少的注意事项。

正确的做法 ✓

★在外出时，最好提前预订宾馆，以免到达目的地后，找不到合适的正规宾馆。

★住宾馆时，要保持警惕，要有安全意识，切忌轻信陌生人。

★旅游时，贵重物品最好不带或少带。如果带了，也要做到随身携带。

★遇到陌生人敲门，最好别轻易开门，以防遇到意外事件。

★进入宾馆后，最好先观察屋内灯座孔、时钟、路由器等处是否有隐形偷拍设备，尤其是卫生间要重点检查。

安全小贴士

到陌生的地方旅行，如果外出，最好随身携带贵重物品，以避免造成不必要的损失。

上公共厕所要谨慎

假期，五岁的强强和家人去乡村旅游。在乡村里，他们玩得特别高兴，并一连在乡村住了几日。这天，强强要上厕所，妈妈就带着他来到了公共厕所（旱厕）旁，并让强强一个人去方便。如厕时，强强一个没踩稳，突然掉进了厕所的粪坑里。好在妈妈及时听到呼救，叫人将强强迅速捞起。

此时的强强，肺部吸入了大量粪水，呼吸和意识很微弱，当即被送往医院急救。在医生们的紧急处理下，强强的气道得以被全面清理，医生还为他进行了有创呼吸支持治疗。最终，强强逐渐恢复了意识，并脱离了生命危险。

危险早知道 ⚠

⊙公共卫生间地面湿滑，一个不注意，很可能出现摔伤。

⊙如果不小心掉入旱厕粪坑，很可能会窒息死亡。即使获救，
也有可能出现病菌感染。

爸爸妈妈说

◆人来人往的公共卫生间，是细菌病毒的"集散地"，因
此要做好个人防护。

◆上公共卫生间之前，最好先把便池冲一下，把前面的人
留下的，或者是一些没有冲干净的微生物冲走，然后再
方便，这样才更安全。

正确的做法 ✅

★ 如厕时，应稳步前行，注意防滑。

★ 如厕后，应认真洗手，保持个人卫生。

★ 如果在卫生间遇到危险，要及时呼救。

安全小贴士

上完卫生间，要彻底洗手，这是抗菌防病最好的办法。洗手时，尽可能使用肥皂，手心手背都要洗到，一直洗到手腕，最好洗30秒。

意外应对篇

发现小偷要机智

公交车来了，小俊正准备上车。他忽然发现，前面一个小伙子将手伸到了一位阿姨的包里。"啊？小偷！"小俊心想着，顿时警觉起来。

没等小偷得逞，小俊鼓起勇气，大喊一声："阿姨，有小偷偷你东西！"小偷一听，立马挤下车门，飞速地跑了。

中午，小俊刚下公交车，一个人忽然走上来，抓住了他的衣领。小俊定神看去，原来是那个小偷。小偷威胁说："臭小子，叫你管闲事！"说着，踹了小俊几脚。发现有人到来，小偷才罢手并跑掉了。

危险早知道 ⚠

⊙当场喊"抓小偷"，一旦小偷被激怒，自己很容易被攻击。

⊙被小偷跟踪、骚扰和报复，容易导致精神压力增大，甚
  至受到伤害。

爸爸妈妈说

◆敢于和小偷作斗争，是值得肯定的行为，但要采取机智
  可行的方法，毕竟保护自身安全是第一位的。

◆要避免上前直接指认小偷，这样会让自己的处境很危险。

正确的做法 ✓

★遇到偷盗，最好别直接喊，要保持机智。

★要第一时间想办法提醒被偷者、司机或者报警。

安全小贴士

　　车上遇到小偷行窃，不要害怕，可以隐晦地提醒司机车上有小偷或建议司机把车开到派出所。

被困电梯智脱险

多多和梅梅不仅是邻居，也是同班同学、彼此要好的朋友。每天，她俩都一同上学放学，情谊很深。

周一的早上，多多和梅梅走出家门后，刚进入电梯不久，电梯就出现了故障，她俩一时被困在了电梯内。"梅梅，这可怎么办，我害怕。"多多有些哭腔地说道。梅梅安慰道："别怕，你千万不要动，赶紧抱头蹲下。"多多按照吩咐照做。梅梅很快按下电梯里的报警装置，而后也抱头蹲靠在电梯里。

救援人员发现险情后，马上赶来进行施救。最后，多多和梅梅从被困的电梯中成功脱险。

危险早知道 ⚠

⊙电梯突然出现故障，如果极度恐惧、紧张，再加上黑暗狭窄的空间，容易让人出现呼吸困难等情况。

⊙如果随意走动或者乱按电梯按钮，可能会导致电梯坠落，伤及性命。

爸爸妈妈说

◆平时乘坐电梯时，尽量不要乘坐危险系数比较高的老旧电梯。

◆乘坐电梯的过程中，切忌随意乱按电梯按钮和踢踹电梯门。

◆被困电梯内时，擅自采取撬门、扒门等错误的自救行动，可能带来更大的风险。

◆电梯失控下，要做好保护姿势，站稳，双手护颈，将背部紧靠电梯墙壁，双腿膝盖轻微弯曲，踮起脚后跟，这样能最大限度避免下坠中造成的冲击伤害。

正确的做法 ✓

★ 遇到电梯故障而被困，要按电梯里的警铃、紧急呼叫按钮，或拨打电梯上的救援、维修电话及 110、119 等报警电话，等待救援。

★ 遇到电梯内人多拥挤，最好靠在墙壁上，稳定情绪，调整呼吸。

★ 如果救援电话打不通，应该通过声音判断外边是否有人经过，等到有人经过的时候大声呼救，请求专业人员前来救援。

安全小贴士

在等待救援的过程中，要与电梯门保持一定的距离。千万不能采取过激行为，如乱蹦、乱跳等，以免造成电梯二次下落。

禁止野外燃火

寒假里，小辉到农村的奶奶家玩。在这段时间，他和村里的几个孩子成为了好朋友。在一个刮风天，他们一起来到了山里捡柴。捡了一会儿，他们都感觉有点儿冷，就决定生一堆火取暖。

不久，一堆柴火燃烧了起来，大家烤着火，很快感觉冷意全无。忽然，一阵大风刮过山坡，将一些火苗刮向了坡上，借着风劲儿，满坡的荒草立马烧了起来。而山顶处，就是大片的松树林。看着火起，小辉和伙伴们吓坏了，迅速展开了扑救行动。虽然火最终被扑灭了，但小辉和一个小伙伴的手，都有一定程度的烧伤。

危险早知道

⊙在野外点火，很容易引燃荒草和林木，造成重大的经济损失。

⊙扑救野外的火情，很可能会导致救援人员出现严重烧伤甚至死亡。

爸爸妈妈说

◆在干燥寒冷的冬季，荒山野外都是干枯的草，很容易被引燃。如果再遇到大风天气，火是很难扑灭的。

◆北方的早春，是火灾频发的季节，这个时候在野外燃火，会更危险。

◆森林火灾，每年都在国内一些地方发生。为了防止野外火灾发生，需要我们始终保持防火安全意识。

正确的做法 ✓

★不要去野外燃火和玩火。

★发现山火，要第一时间拨打119火警电话并迅速撤到安全地带。

★遇到特别大的山火，要远离火线，往上风向跑，避免被山火围困。

安全小贴士

在扑救山火的过程中，比较危险的情况就是风向突变，山火将救火人员困住。而山火产生的浓烟，也极容易导致扑救队员窒息。

切忌在停车场捉迷藏

一天下午，小飞和阳阳在商场的停车区域玩捉迷藏。轮到小飞躲藏，他快速地跑到一辆越野车的后方蹲下来。阳阳找了很久，也没能发现。

很快，越野车司机从商场走了出来，并径直上车打火。就在此时，小飞发现阳阳找了过来，又发现越野车已启动，他就迅速离开车后并打算跑向别处躲藏。就在小飞刚跑上车道时，一辆轿车瞬间将小飞撞倒并碾压。由于伤势过重，小飞很快没有了呼吸。一个活蹦乱跳的孩子，就这样被车祸夺去了生命。

危险早知道 ⚠

⊙没来得及躲闪，被慢速行驶的汽车撞倒，很容易造成轻伤甚至重伤。

⊙如果被汽车碰撞后遭到碾压，很容易导致当场死亡。

爸爸妈妈说

◆停车场停放的车辆，随时可能会启动，一定要注意观察，避免去车后躲藏或者在汽车盲区逗留。

◆车辆在行驶时，驾驶人的视线有时候会被绿化带、其他车辆等遮挡进而产生盲区，若此时有行人、非机动车或其他车辆突然横穿盲区，往往会导致交通事故发生。

正确的做法 ✓

★停车场有安全隐患，要避免去停车场玩游戏。

★穿过停车场时，要和行进车辆保持安全距离。

★认识汽车的视线盲区，警惕盲区带来的伤害。

安全小贴士

停车场不是游玩场所，而是危险之地。因此无论如何，都要避免在停车场内跑跳、玩闹。

路遇野狗别害怕

西西的家在一个小镇子里，西西每天都会步行去 800 米外的学校上学。

这天，当他刚走出胡同来到街上，一只野狗忽然向他扑来。西西冷不丁被吓了一跳，但他并没有跑，而是迅速捡起一块石头，怒目而视，并大声叫嚷呵斥，表现出要砸向狗的姿势。一看这架势，野狗瞬间尿了。它不仅不再攻击，而且扭头快速逃跑了，像极了被吓破胆的敌人。因为这次的机智表现，西西得以躲过一劫。

危险早知道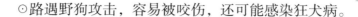

⊙路遇野狗攻击，容易被咬伤，还可能感染狂犬病。

⊙如果被野狗扑倒撕咬，还存在丧命的可能！

爸爸妈妈说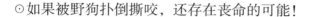

◆在城镇的一些街道，经常会遇到流浪狗，要尽可能远离它们，防止被咬伤。

◆一些流浪狗的警觉性特别高，很容易因为你的一个举动，而对你充满敌意。

◆对于小型的流浪狗，也要避免抚摸和挑逗它们，否则容易感染某些细菌而致病。

正确的做法 ✓

★遇到野狗攻击，应避免转身就跑，可蹲下身捡拾石头、木棍，可起到一定的威慑作用。

★遇到多只野狗攻击，最好别硬碰硬，可以选择高的物体迅速攀爬，或者伺机爬到树上避难。

安全小贴士

路遇野狗，切忌去逗它，也要避免直视它，免得它认为你有敌意而忽然攻击你。

被毒蛇咬后别耽搁

　　黄英的家在农村，她每天上学都会走一段山路。一天，黄英像往常一样走路去上学，当她走到半路时，脚脖子突然非常痛，低头看去，只见一条毒蛇出现在她的面前。被蛇咬伤后，黄英本能地躲闪开，并忍着疼痛，迅速观察了毒蛇的特征。

　　为了能快速去医院，黄英在路上拦住了一辆车。到了医院，医生听了黄英描述的有关毒蛇的特征，基本确定她是被蝮蛇咬伤。医生说："患者来时，情况还是比较危急的，如果多耽搁一会儿，都可能危及生命。"经过紧急治疗，黄英最终脱离了危险。

危险早知道 ⚠

⊙野外游玩时，被不明毒蛇咬伤，很可能会危及生命。

⊙被毒蛇咬伤后，虽然脱离了危险，但是也可能会在心里留下阴影。

爸爸妈妈说

◆蛇一般不会主动向人发起攻击，除非它认为受到了威胁。所以，遇到蛇和自己还有一段距离，最好保持冷静，切忌去挑逗它，要想办法快速远离。

◆蛇不喜欢剧烈运动，万一被蛇追，最好的办法不是搏斗，而是赶紧跑，要跑曲线，就有可能脱险了。

◆如果身边有棍子或者其他比较长的东西，都是可以拿来对抗蛇的，切记避免徒手捉活蛇。

◆假如不慎被蛇咬伤，切勿快速奔跑，以免加剧蛇毒在血液中的流动，加重中毒症状。

正确的做法 ✅

★被毒蛇咬伤，应对伤口进行紧急处理，并马上前往医院就诊。

★户外活动时，应做好自身防护，防止被蛇咬伤。

★如发现蛇或其他野生动物扰民，要第一时间拨打报警电话。

安全小贴士

到野外游玩，最好能穿上长裤、长袖的衣服，扎紧裤脚、袖口，避开草丛和乱石堆。穿过草丛时，不妨手持长棍先"打草惊蛇"。

野外迷路智求救

　　瑞瑞和几个要好的小伙伴，经常去山里采蘑菇。一次，他们去往了一个比较偏远的地方。他们在山林中采了很多蘑菇，转了很多地方。可是临近中午时，他们竟然找不到回家的路了。瑞瑞一边安慰着伙伴，一边鼓励大家一起寻找出路，可是依然没成功。夜晚降临时，大家找来了树枝等，搭建起棚屋，还摘了很多松果来充饥。

　　第二天，为了获得援救，他们来到一处没有草木的山顶，堆起一些木柴并点燃。随着浓烟不断升起，他们的家人和救援人员很快发现了他们的位置，并最终将他们救出。

危险早知道

⊙找不到出路，容易让人陷入绝望。

⊙在荒山野林迷路，还容易遭到野兽的攻击。

⊙迷路后，可能会陷入无粮无水的境地，随时有生命之忧。

⊙如果几日得不到救援，容易因饥饿和失温等原因而丧命。

爸爸妈妈说

◆在野外迷路，要避免惊慌乱跑，这样容易导致离正确的
　方向越来越远。

◆在山林中，如果体力消耗过大，极容易发生脱水现象，
　带来更大的风险。

◆如果不能马上找到出路，最好先找一个临时庇护的地方，
　减少危险，等待救援。

正确的做法 ⊘

★如果携带通信工具，要第一时间寻求救援，报告自己的大概位置。

★要学会辨别方向，根据日出、日落的方向，大体辨别东方和西方。

★黑夜降临，或者遇到迷雾天气，应避免在山中乱走，可以找一个临时的庇护所休息。

★如果没有打火机和放大镜，可以通过钻木取火的方式在山顶引燃木柴。火燃起后，可添加潮湿的植物或枝干，制造更多的烟雾来引起别人注意，从而得以脱困。

安全小贴士

在野外迷路，最重要的是寻找水源，水源比食物还重要，人体一旦缺水或脱水，很容易进入昏迷状态。

河滩野炊需防洪水

盛夏的周末，彬彬和爸爸妈妈以及堂姐一家人来到了野外玩，并准备宿营野炊。他们很快选中了河滩处的一块平地。搭好了帐篷后，他们就在河边钓鱼，不一会儿工夫，就钓到了好几条大鱼。

到了中午，大家开始拿出野炊的工具和食材等，不仅有羊肉、鱼肉、鸡翅，也有各种丰富的蔬菜，在一阵"烟熏火燎"中，美味很快就烤好了。大家一边吃着，一边交谈着，享受着难得的野炊之趣。

渐渐地，天空聚起了乌云，随着一阵阵雷声响起，暴雨骤然而至，河水也迅速暴涨起来。就在彬彬和家人离开河滩后不久，河滩处就被洪水淹没了。

危险早知道 ⚠

⊙在河滩等近水区域野炊或玩耍，容易被突然暴涨的洪水
围困。

⊙一旦落入洪水中或者被洪水冲走，很容易溺水而亡。

⊙因为洪水而发生意外，会给家人带来永久的伤痛。

爸爸妈妈说

◆夏季出去野炊，最好选择近郊的安全地带，切忌前往可
能会突然发生洪水的危险区域。

◆一旦被洪水冲走，不仅容易被洪水中坚硬的东西碰伤，
而且随时会被淤泥灌入耳鼻而出现窒息，生存的几率
很小。

正确的做法

★去野外游玩，一定要预先关注天气预报，避免坏天气出行。

★无论是野炊，还是其他活动，都要远离河滩等危险区域。

★一旦落入洪水之中，应尽可能寻找可用于救生的漂浮物，全力保留身体的能量，沉着冷静，等待救援。

安全小贴士

如果洪水来袭，要尽快撤往地势比较高的安全地方。如果被洪水围困，要设法尽快与政府防汛部门取得联系，积极寻求救援。

孩子安全无小事：爸爸妈妈一定要告诉孩子的安全知识

网络安全

网络安全

"孩子安全无小事

爸爸妈妈一定要告诉孩子的安全知识

于川◎编著

民主与建设出版社
·北京·

图书在版编目（CIP）数据

孩子安全无小事：爸爸妈妈一定要告诉孩子的安全
知识：全 5 册 . 5，网络安全 / 于川编著 . --北京：民
主与建设出版社，2022.7

ISBN 978-7-5139-3857-0

Ⅰ . ①孩… Ⅱ . ①于… Ⅲ . ①安全教育—儿童读物②计算机网络—网
络安全—儿童读物 Ⅳ . ① X956-49 ② TP393.08-49

中国版本图书馆 CIP 数据核字（2022）第 106624 号

孩子安全无小事：爸爸妈妈一定要告诉孩子的安全知识
HAIZI ANQUAN WU XIAOSHI BABA MAMA YIDING YAO GAOSU
HAIZI DE ANQUAN ZHISHI

责任编辑	王颂　郝平
封面设计	阳春白雪
出版发行	民主与建设出版社有限责任公司
电　　话	（010）59417747　59419778
社　　址	北京市海淀区西三环中路 10 号望海楼 E 座 7 层
邮　　编	100142
印　　刷	唐山楠萍印务有限公司
版　　次	2022 年 7 月第 1 版
印　　次	2022 年 7 月第 1 次印刷
开　　本	880 毫米 × 1230 毫米　　1/32
印　　张	5
字　　数	40 千字
书　　号	ISBN 978-7-5139-3857-0
定　　价	198.00 元（全 5 册）

注：如有印、装质量问题，请与出版社联系。

目　录

上网安全常识篇

网络诈骗防范篇

网络欺凌认识篇

网络游戏安全篇

网络安全应对篇

上网安全常识篇

SHANGWANG ANQUAN CHANGSHI PIAN

长时间玩电脑，小心猝死

　　五一长假到了，小辉整天在家守着电脑打游戏，几天不出屋。有时候，妈妈叫他出来吃饭，小辉也没有好气，甚至把房门反锁，继续玩游戏。

　　一天下午，妈妈忽然听到房间里发出了响声，她强行打开了房间门，一看见眼前的场景，立马惊呆了。只见小辉已经倒在了电脑桌下，彻底没有了意识。妈妈急忙拨打了120急救电话。

　　当医院救护车赶到小辉家时，小辉已经没有了脉搏，初步诊断为猝死。

危险早知道 ⚠

⊙无节制地玩电脑，容易沉迷于网络，影响学习。

⊙使用电脑过多，可能会出现易躁、易怒、头晕、头痛、失眠、记忆力下降和精神萎靡等情况。

⊙长时间玩电脑，还容易引起颈椎、腰椎疾病，甚至猝死。

爸爸妈妈说

◆长时间坐在电脑面前，会受到过多的辐射，这对正处于生长发育阶段的孩子很不利。

◆要科学使用电脑，建议给自己制定一个上网规则。最好每次不超过一小时，每天不超过三小时。

正确的做法 ✅

★ 不偷玩电脑，要做到有节制地玩。

★ 应正确处理上网和学习的关系，不要沉迷于网络。

★ 注意保持正确坐姿，上网一小时后，一定要起身活动，做到劳逸结合。

安全小贴士

网络在给我们带来方便与快乐的同时，也伴随着很多潜在的威胁。只有正确合理地利用好它，才能规避风险，发挥其最佳的作用。

痴迷网络，易孤僻

自从接触网络世界，每天上网就成了董岩生活中的一部分。因为爸妈平时忙于工作，对他缺少管控，董岩的网瘾越来越大，学习也越来越松懈。久而久之，他竟陷入了无法自拔的境地。

因为长时间陷入网络，董岩很少与爸爸妈妈谈心，也不怎么和老师同学交流，仿佛只活在自我的世界里。渐渐地，他成了同学们眼中的"独行侠"，平日沉默寡言、我行我素，而且性格极度孤僻和倔强，与同学们有些格格不入。爸爸妈妈有几次曾制止他上网，董岩就声嘶力竭，极力反驳。看到儿子如此这般，董岩的爸爸妈妈愁坏了。

危险早知道 ⚠

⊙ 长时间痴迷网络，容易产生孤独症，整天沉溺于幻想中，这对成长中的青少年是有危害的。

⊙ 现实与幻想的差距，会让自己陷入苦痛，对很多事情产生退缩感，不敢与人正常沟通。

爸爸妈妈说

◆ 不管什么时候，上网都要适度，放任自我绝对是不可取的。

◆ 网络是一把双刃剑，对于成长期的青少年来说，网络有助于开阔视野，增进学习。但是如果被不好的内容所带偏，就会不利于自我身心的健康发展。

正确的做法 ✓

★上网时，可邀请爸爸妈妈监督自己，预防网瘾。

★要保持清醒，拒绝虚幻内容的诱惑。

安全小贴士

长期沉迷上网，容易引发青少年网络孤独症，其会陷入虚幻的世界里，对现实社会产生逃避心理，以及产生各种情感问题。

沉迷手机，伤眼睛

一天，妈妈带着 10 岁的萌萌来到了眼科医院，她焦急地说，孩子的右眼忽然看不见东西了。医生为萌萌做了全面的检查，最终诊断其为视网膜动脉阻塞，右眼失明，无光感。

据了解，萌萌平日里最大的爱好就是打手机游戏，甚至痴迷到废寝忘食的地步。每次周末放假，她都能一天玩上七八个小时，从早上一睁眼就玩。得知萌萌的眼睛失明，妈妈感到万分后悔和自责。

危险早知道

⊙沉迷玩手机，容易导致眼疲劳，诱发眼部疾病。

⊙一直低头玩手机，会引起脊柱变形。

⊙长时间维持同一姿势玩手机，还容易诱发急性心血管疾病。

爸爸妈妈说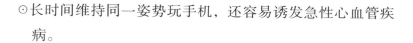

◆能够不用手机完成的事情，尽量不用手机。

◆如果一味地依赖手机，会给身心健康造成伤害。

◆过度玩手机，会形成所谓的"触屏手"，导致手部动作不灵活。

正确的做法 ✓

★应合理安排玩手机的时间，养成学习时不玩手机的好习惯。

★在爸爸妈妈的指导下，使用手机做有意义的事情。

安全小贴士

睡前和早上醒来，是"手机依赖症"最容易发生的时段，此时尽量不玩手机！不做低头族！

黄色网站毒害身心

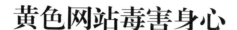

　　小旺是初三学生，正处于紧张备战中考阶段。最近，爸爸发现他在家上网课时，精力大不如前。和他之前的学习状态相比，简直判若两人，这引起了爸爸的怀疑。

　　经过偷偷观察，爸爸发现他经常浏览一些黄色网站。这让爸爸很生气，为此还打了他。小旺认识到了错误，还向爸爸保证不再浏览。但是过了一阵，小旺又偷偷上网看黄色内容，成绩也下滑得厉害。小旺为此很苦恼，明知道这样不对，但总是管不住自己。

危险早知道 ⚠

⊙经常浏览不良网站，容易让电脑、手机中病毒。

⊙未成年人容易受网络不雅内容的毒害，甚至走上违法犯罪的道路！

爸爸妈妈说

◆应杜绝浏览"儿童不宜"的网站，即使无意中不小心点开了，也要立即关闭。

◆网站中的色情、暴力等内容，会严重影响未成年人的身心健康。

◆浏览不健康网站危害大，隐瞒爸爸和妈妈是错误的。

正确的做法 ✓

★从我做起，健康上网，远离不健康网站。

★上网时，可开启安全软件，实时拦截有害网站。

★向小伙伴们讲解不良网络的危害，营造好的网络环境。

安全小贴士

浏览不健康网站，危害很大，切忌把它当作一种精神寄托，一定要自觉抵制网络上的各种不良信息。

传播不良内容是违法的

　　某地公安部门网安大队民警发现，有网民在微信群中发布了一段血腥暴力视频。对此，民警立即展开调查，很快确定了信息发布者为高中学生周某。对此，警方立即找到周某，并对其进行了调查询问。

　　经核实，周某曾加入了一个 QQ 群，群内经常有人发布暴恐视频，周某便将血腥暴力视频转发到了一个微信群。殊不知，这一行为已经触犯了法律。鉴于周某未满 18 周岁，且认罪态度较好，警方依法对其进行了教育训诫。

危险早知道

⊙在网上传播不良内容，就是在污染网络空间。

⊙受不良内容"洗脑"，不利于身心健康的发展。

⊙传播不良内容，容易诱导别人模仿，引发违法犯罪行为。

爸爸妈妈说

◆将"暴恐音视频"发到QQ群、微信群等网络空间，属于违法行为。

◆发现不良内容，要及时向公安机关举报。

正确的做法 ✓

★应加强自身安全防范意识，坚决遵守法律法规。

★坚决不下载、不转发、不保存不良视频。

★抵制不良视频，不受这些违法内容诱导。

安全小贴士

在网络空间里，不管是上QQ、聊微信、发微博，还是拍视频、转朋友圈，每个人都要为自己的网络言行负责。

网上交友要警惕

兰兰今年 15 岁，是一名中学生，她平时喜欢用手机和网友聊天。一天，她在微信上认识了一个很聊得来的网友李某。

半个多月后，李某约兰兰去 KTV，兰兰没有多想，就答应了。当晚，李某带着兰兰，以及几个朋友来到 KTV 唱歌。从 KTV 出来后，他们又一起去吃宵夜。得知兰兰只是李某的网友后，朋友赵某动了邪念，还提议其他几个人合伙灌醉兰兰。感觉情况不妙的兰兰，借口去卫生间，才逃过了此劫。

危险早知道 ⚠️

⊙网络交友不慎，可能会遭遇被抢、被盗、被诈骗等意外情况，造成经济损失。

⊙有时候还可能遭到恶意人身伤害，甚至有生命危险。

爸爸妈妈说

◆网络是诈骗等案件的高发地，一旦被不良网友的"毒鸡汤"洗脑，就会掉入陷阱。

◆网络聊天时，千万不能掉以轻心，毕竟网络是不见面的交流，网友形形色色，谨防被骗！

◆在涉及金钱时，一旦遭遇欺骗，损失很难追回。

正确的做法 ✓

★要认清网络与现实的距离，保持头脑清醒。

★不轻信网友的甜言蜜语，不轻易和网友见面。

★应把更多的精力放到学习上，避免沉迷于网络聊天。

安全小贴士

如果陌生网友探询自己和家庭的隐私，切莫透露，也要避免与不完全信任的网友单独会面。一般情况下，应婉拒。

散布网络谣言，易引发恐慌

近日，一则传染病发生在某个小区的信息，在微信朋友圈、QQ群、微博等社交平台上流传，并引起了大众的恐慌。经过防疫部门的核实澄清，确定这是一个假消息。公安机关立即组织网警开展相关调查工作，很快锁定并传唤了谣言制造者王某、刘某。

经查，刘某、王某为获得大众的关注，故意编造传染病的假消息，并通过多个社交平台发布、转发。鉴于王某、刘某均未满18周岁且是在读学生，民警依法对其进行了训诫，并责令二人父母对其严加管教。

危险早知道 ⚠

⊙网络谣言大范围传播，很容易造成恶劣的影响。

⊙如果网络谣言被不法分子利用，危害不可预测。

爸爸妈妈说

◆网上可以发布消息或抒发情绪，但是要杜绝发布假消息和假新闻。

◆编造、传播网络谣言是违法的，不能抱有任何侥幸心理去以身试法。

◆对一些不能确定的网络信息，应谨慎转载。如果发现有危害的假消息，要及时报警。

正确的做法 ✓

★不造谣、不信谣、不传谣，做文明、理性的网民。

★对编造、传播的网络谣言，应及时举报。

安全小贴士

网络不是法外之地，我们在网上的一言一行都应遵纪守法，绝不能做现实生活和网络生活的"两面人"。

沉迷网吧，影响学习

　　小兵和小伟是初中三年级学生，原本学习还是不错的。可是自从接触了网络游戏，两个人就彻底变了。

　　因为父母都比较宠爱他们，平时对他们缺少严格要求，导致他俩比较放纵，成为了"黑网吧"里的常客。每一次，他俩去网吧打游戏，网管都熟练地从抽屉里拿出两张身份证为他们刷机，小兵和小伟顺利地打上了游戏。

　　久而久之，小兵和小伟对网络游戏更痴迷了。因为经常去网吧，他们的学习成绩出现了大滑坡。小兵和小伟白天上课总是犯困，不能专心听讲，作业也不能按时完成。在一次期中考试中，小兵还有两科不及格。对此，班主任老师找过他们几次，甚至把家长请来，但收效甚微。游戏，不断让两个少年"走火入魔"。

　　在最近的中考中，因为严重荒废了学业，小兵和小伟都没能考入重点高中。

危险早知道

⊙未成年人缺乏自我控制能力，很容易沉迷网络游戏。

⊙一不小心上网成瘾，会严重影响学习，甚至引发不良行为。

⊙经常去网吧，电脑辐射对身体是有一定伤害的。

⊙如果在网吧熬夜玩游戏，容易打乱身体正常的生物钟，影响身体各器官的正常状态。

⊙一些网吧不正规，安全隐患多，一旦出事，后果不可预料。

⊙独自一人去"黑网吧"，很容易受到坏人的欺骗、威胁和侵害。

爸爸妈妈说

◆未成年人去网吧，属于违法行为，必须要牢记。

◆网吧是成年人消费的地方，也容易成为瘾君子、罪犯的藏匿地点，小朋友千万不要去！

正确的做法 ✓

★要增强自我保护意识，自觉远离网吧。

★学习是目前最重要的事情，要以学习为主。

★如果有小伙伴瞒着家人去网吧上网，要积极劝阻。

安全小贴士

从自身做起，遵守《全国青少年网络文明公约》，自觉抵制诱惑，无论在校还是节假日期间，坚决远离营业性网吧。

网络诈骗防范篇

WANGLUO ZHAPIAN FANGFAN PIAN

陌生来电，可能是诈骗

一天晚上，烁烁接到了一个陌生电话，对方特别焦急，说烁烁的爸爸出了车祸，正在医院抢救，需要医疗费。烁烁一听，吓了一跳，因为爸爸确实去了外地跑运输。

放下电话后，烁烁赶忙将事情告诉了正在厨房的妈妈。妈妈一听吓坏了，甚至发出了哭腔。为了确认消息，妈妈赶忙拨打烁烁爸爸的电话，却无人接听。再拨打那个陌生电话，对方要求马上转过去五千块钱。烁烁妈妈立马警觉起来，意识到这可能是诈骗。

不一会儿，烁烁爸爸打电话过来，烁烁和妈妈才放下心来。

危险早知道 ⚠

⊙轻易相信陌生人的来电，很容易掉入诈骗陷阱。

⊙一旦遭到诈骗，很难追回财物，因为很多都是境外诈骗
团伙在操纵。

爸爸妈妈说

◆如果陌生来电总是同一个号码，就要提高警觉了！

◆接到陌生电话，切勿随便泄露自己的身份。如果感觉对
方不对劲，立马挂断电话。

◆如果接到陌生电话要求进行汇款或者转账，坚决不能信！

正确的做法

★应警惕冒充熟人的诈骗电话。

★有陌生电话频繁打过来，要告诉爸爸妈妈。

★可以设置拒绝陌生电话的拦截模式。

安全小贴士

除了随时跟家人保持电话畅通外，对陌生来电能不接就不接，也没必要回拨。

不明链接陷阱多

一天上午，涵涵的妈妈买东西后，准备扫二维码付款时，系统却提示她余额不足。这让她很惊讶，卡里明明还有很多钱的。涵涵的妈妈查了手机交易明细，发现有两个陌生的转账记录。

想来想去，涵涵的妈妈觉得可能是孩子干的，因为涵涵总用她的手机上网课。经过询问，涵涵说他上课时，手机里弹出了一条链接，他没多想就点开了。

涵涵说点完那个链接后，微信就在其他地方登陆了。得知真相后，涵涵的妈妈立即选择了报警。

危险早知道

⊙有些链接一打开，手机或电脑就容易被装上病毒软件。

⊙落入不法分子的陷阱，可能会遭到勒索。

⊙不法分子在用户不知情的情况下，可以开通银行卡支付功能，把钱取走。

爸爸妈妈说

◆当安全工具提示拦截时，切勿选择继续访问，以防上当受骗。

◆对于那些不请自来的链接，别被其表面现象所迷惑。涉及到金钱方面的，更是要谨慎。

◆收到短信内容涉及网址的，不确定短信发送者时，尽量避免点击。

◆不随意点击陌生人发送的网络链接，切忌在链接中输入银行卡信息或支付密码信息。

正确的做法 ⊘

★应提高安全意识，切忌轻易点击陌生的网络链接。

★发现可疑链接，应及时告诉爸爸妈妈。

★如发现电脑、手机已染病毒，要迅速断开网络连接并进行杀毒。

安全小贴士

应避免随便打开未知的网络链接，否则很容易中招。如确实需要打开链接，请注意辨别，并随时开启电脑管家查杀病毒。

私人信息泄露，危害大

小芸是一名学生。一天，她接到一个陌生电话，对方称有一笔助学金要发放给她。而在几天前，她接到过教育部门发放助学金的电话通知，再加上对方准确说出了自己的信息，他们一家人丝毫没有怀疑电话的真实性。

按照电话要求，小芸将准备交学费的5000元打入"助学金账户"，用以"激活"银行卡，但自此没了回信。小芸再回拨陌生电话时，却再也打不通了。当察觉被骗后，小芸一家马上报了案。因为泄露过信息，轻信了陌生电话，小芸一家遭受了经济损失。

危险早知道

⊙私人信息泄露后，会经常收到垃圾短信、骚扰电话、陌生邮件等，对个人极易造成烦扰。

⊙一些重要信息一旦被不法分子利用，容易给自己造成严重的经济损失。

爸爸妈妈说

◆没经过爸爸妈妈同意，切忌把自己和家人的真实信息，如姓名、住址、电话号码等，在网上告诉任何人。

◆一旦发现QQ、微信被盗号，要第一时间告知家长和亲朋好友，以防范各类网络诈骗的发生。

正确的做法 ✓

★不轻信任何陌生电话，不为利益所引诱。

★有熟人通过手机信息和微信向你借钱时，要打电话过去确认是否是其本人。

★个人微信账号等被盗，要及时提醒身边的亲朋好友，防止他们被骗。

安全小贴士

无论在什么场合，只要涉及个人及家人真实信息的事情，必须要有警觉性，以免发生不必要的麻烦。

暴露密码风险高

晓晴在 QQ 粉丝群里看到有人发"微信余额满 30 元，可以领取 4000 元"的消息，她就添加了对方 QQ，并询问怎样领取。为了证明领取资格，她还把微信余额截图发了过去。

对方给晓晴发了一个二维码，让其扫码并输入密码支付。晓晴输入一串数字后没有收到钱，反倒支付了 100 元。晓晴询问对方怎么回事，对方让其加了个客服的 QQ 号咨询。晓晴加了客服后，被拉进一个 QQ 群，客服称之前操作不当，导致资金冻结无法领取，要求其用父母手机再进行操作。晓晴一顿操作后，发现妈妈银行卡里的 3 万元被转走了……

危险早知道 ⚠

⊙微信账户内的资金一旦被不法分子盗取，很难再找回来。

⊙如果微信密码泄露，可能会造成更大的经济损失。

爸爸妈妈说

◆遇到网络陌生人要你扫码领福利，要警惕，因为天下没有免费的午餐。

◆尽量不使用"记住密码"模式，设置高保密强度密码，才会更安全。

正确的做法 ✓

★密码设置切忌过于简单，最好使用大小写混合，加数字和特殊符号。

★对于网络陌生人的话语和网络领取福利，都别轻易相信和尝试。

安全小贴士

防人之心不可无，切勿把自己在网络上使用的密码，如上网的密码和电子邮箱的密码等，随随便便告诉别人，这样很不安全。

中奖信息有猫腻

中学生刘然在网络上收到一条中奖信息，奖品是一台笔记本电脑和 1 万元奖金。这让刘然感到喜从天降,他很快拨通了客服电话。客服人员告诉他，要兑换奖品和奖金，需要缴纳个人所得税 1000 元，为了打消刘然的顾虑，对方还向他展示了中奖名单。

刘然看到自己的名字在中奖名单上，而且名单看上去也很正式，就信以为真。很快，刘然便通过银行向客服指定的账户转账 1000 元。对方收到钱后，表示还有一笔公证费需要支付，费用是 3000 元。看到对方总要钱，刘然感觉不对。他通过正规渠道查询，发现自己被骗了。

危险早知道

⊙相信网络上的中奖信息，很容易被骗，导致财产损失。

⊙一旦被骗，会导致情绪低落，精神压力变大。

爸爸妈妈说

◆切忌在中奖网站上填写任何资料，以免泄露个人信息。

◆天上不会掉馅饼，要保持冷静的心态，避免贪小便宜吃大亏。

◆正规机构、正规网站组织抽奖活动，是不会让中奖者"先交钱，后兑奖"的。只要对方要你先打钱，一定是假的。

正确的做法 ✓

★不管收到什么样的中奖信息，都不要主动理会。

★发现上当受骗，要第一时间告诉爸爸妈妈。

★发现被骗，应及时向公安机关报案或拨打反诈骗中心电话寻求帮助。

安全小贴士

所谓中奖，往往都是骗人的幌子，骗子利用的是当事人贪便宜的心理。所以，切勿贪图利益，防止落入圈套。

小心虚假二维码

　　因为离家有两公里多，孟楠经常骑共享单车上下学。有一天放学后，孟楠出了校门，就匆匆去扫码开车，可是刚扫完，手机出现了一条扣费 200 元的信息，而且共享单车始终没能打开。她立马感觉到了不正常，仔细一看二维码，原来车原本的二维码已被新贴的二维码遮盖，这个明显是不法分子贴上去的。

　　为了防止其他人被骗，孟楠急忙提醒同学们小心共享单车二维码有诈，并很快向公安部门报案。警察通过调取路边监控和层层排查，最终将犯罪分子抓获。

危险早知道 ⚠

⊙扫描不正规二维码，个人信息容易泄露。

⊙有些不法分子通过人们误扫二维码，来诈骗钱财。

爸爸妈妈说

◆用手机收付款，要分清收款码和付款码。

◆网络诈骗手段，让人防不胜防。切莫贪图一些小便宜，而去扫描陌生人提供的二维码。

正确的做法 ✓

★仔细辨别，不盲目乱扫二维码。

★应树立防骗意识，对于自己的付款码要妥善保管。

安全小贴士

千万别见"码"就刷，在扫码前一定要对二维码的来源进行判定，以免遭遇隐私信息泄露甚至财产损失。

刷单返利是骗术

高中生小韩最近花销有些大，陷入了困境，而他也不敢和爸妈说。

周末的一天，他收到一条信息：购物网站刷单返利，刷得越多，返得越多。看到这一消息，小韩顿时来了精神。他马上联系了对方，并表示自己愿意刷单，并为此和同学借了 2000 多元。

在某购物网站上，小韩刷了几笔小钱，对方马上给他返利 5 元、10 元不等。接下来，小韩连续刷了几个大单，总共投入 2000 多元。可是刷完单后，却迟迟未见返利，也联系不到对方了。因为被骗，小韩对此懊恼不已。

危险早知道

⊙网络刷单行为本身是不受保护的。

⊙刷单返利，会导致个人信息泄露和经济损失。

爸爸妈妈说

◆刷单本身就是违法行为，切勿助纣为虐。

◆只要克服"贪便宜"的心理，自然不会"吃大亏"。

正确的做法 ✅

★凡是网络刷单都是诈骗，一定要保持清醒。

★防诈骗"五不"：不贪、不听、不信、不问、不转。

★因为刷单返利被诈骗，要立即报警。

安全小贴士

刷单本身就是违法行为，国家法律法规已明令禁止这种虚假交易，这是一种非正当兼职，所以要杜绝去做。

"摇一摇"，可能摇出事儿

高中生李雪喜欢网络聊天。有一次，她通过摇一摇，摇出了一个陌生人。两人说话很投机，聊得不亦乐乎，李雪和该男子还互发了照片。照片中，该男子白白净净，长得很标致，绝对是帅哥一枚。

自此之后，李雪和男子互有了好感。不久，李雪和该"帅哥"见了面。当该男子出现在李雪面前时，李雪惊讶到了，这哪是什么帅哥，就是一个油腻大叔，李雪当即拒绝了这次邀约。这也导致该男子产生了恨意，自此开始经常跟踪李雪。李雪很害怕，最终选择报警求助。

公安人员经过辨认和询问，发现该男子是涉嫌故意杀人的在逃犯。

危险早知道 ⚠

⊙切忌轻易相信网络陌生人，否则容易给自己惹上麻烦。

⊙如果陌生人是犯罪分子，自己极有可能会遭到对方的侵害。

爸爸妈妈说

◆摇一摇，摇来的可能不是惊喜，而是一场惊吓！

◆利用软件交友，一定要谨慎，自身的安全才是最重要的。

◆如涉及到金钱、人身安全等，必须要警惕。

正确的做法

★网上交友，务必保护好个人隐私。

★应避免单独与不了解的异性网友见面。

★当陌生网友提出借钱要求时，切勿答应。

安全小贴士

网络交友要谨慎，微信摇一摇，摇出来的并不都是"好友"。如果遇到不法侵害，一定要及时报警，同时尽可能保护现场、保留证据。

网上追星，要防止踩坑

　　高中生琴琴是某歌星的铁杆粉丝，她特别想买到一张该明星的演唱会门票。不久前，她在网上找到了以该明星名字命名的社交账号，赶紧添加其为好友。

　　在聊天中，对方自称就是该明星，对琴琴特别友好，也特别热情，琴琴很是开心。很快，对方告诉琴琴，他正准备搞大型演唱会，还要给粉丝福利，网络购票充值500元，可返500元。琴琴对此深信不疑，并拿家人的手机扫码支付，其后又按对方的要求，缴纳了保证金，一共支付了3000元。而后，琴琴竟联系不上对方了。

危险早知道

⊙有骗子打着明星的旗号，诱导人进粉丝群进行诈骗。

⊙没有防备心，还可能被所谓的明星助理设局骗钱。

爸爸妈妈说

◆追星还是要理性一些，当务之急，是先把主要精力放在学习上。

◆不轻信、不透露、不转账，能做到这些，再精心的骗局也不会伤害到你。

正确的做法 ✅

★提高社会经验，避免类似追星过头的行为发生。

★提高防范意识，不随意进行转账。

★如果发现被骗，要及时与父母沟通。

安全小贴士

网上认识的人，无论对方是什么样的人物，都不能随意转账，不然消耗的不只是金钱，影响的可能是学业，甚至是一个家庭的希望。

红包福利群的骗局

　　轩轩在使用妈妈的手机上网课时，陌生网友添加其为好友，并将其拉入了福利群，声称发红包得大额返利。轩轩信以为真，先后多次向骗子发送红包，累计金额 2500 元。其间，陌生人以返利的方式给轩轩发送红包三次，共计 150 元，这让轩轩深信不疑。当陌生人确认轩轩妈妈的微信没有余额后，便迅速将轩轩拉黑。

　　此时的轩轩，虽然知道自己被骗了，但也不敢告诉妈妈。直到妈妈发现转账记录，才立即向派出所民警报了案。

危险早知道 ⚠

⊙红包返利很诱人，一旦被骗，就会造成很大的财产损失。

⊙发现被骗，却不敢向家长说明实情，自己的心理压力会很大。

爸爸妈妈说

◆返利是一种常见的诈骗方式，遇到发红包返利的陌生人，一定要远离或者将其拉黑。

◆骗子往往会抓住人们期待小投入或者不投入却能获得高额回报的心理，来实施诈骗。

正确的做法 ✓

★应树立正确的价值观，切莫贪图小便宜。

★发现被骗后，要及时告诉爸爸妈妈，并迅速报警求助。

安全小贴士

网络上所谓的福利，不少都存在猫腻，要有辨别是非的能力，否则吃亏的就是自己。

"熟人"借钱，可能是冒牌

在手机社交网络账号上，高中生木兰遇到了一个人，对方像老熟人一样叫着自己的名字，并让木兰"猜猜她是谁"。木兰听后，感觉她有点儿像一位初中老师，便说了名字，对方也承认了，两人就聊了起来。

第二天，"老师"主动和木兰联系，说要借钱。木兰尽管不情愿，但也不好拒绝。按照"老师"的要求，木兰通过银行给她汇去了3000元。

自从汇完钱后，这个"老师"就玩起了消失。至此，木兰才意识到这个老师是冒牌的。

危险早知道

⊙没有任何防范心理，很容易落入骗子的圈套。

⊙意识到被骗，尽管报警了，可找到"熟人"却很困难。

爸爸妈妈说

◆在网络上遇到熟人，一定要确定其真实身份，否则就有可能落入骗局当中。

◆在没有弄清借钱原因前，切忌随意把钱借出去。

◆考虑是否借钱给熟人时，除了要约定还钱期限外，也要考虑对方平日为人处世是否讲信用。

正确的做法 ✅

★要警惕网络熟人借钱，多留个心眼准没错。

★若钱款转出后，意识到被骗，要第一时间报警。

安全小贴士

擦亮双眼！一旦收到QQ或微信好友发来的借钱信息，一定要通过语音、视频核实，不可轻易转账汇款。

网络借贷有旋涡

大学生紫涵因为缺钱，就通过网络贷款公司借到了1万元，并分6个月还清。谁承想，这竟然成了噩梦的开始。

紫涵很快将钱花完了，因为利息太高，她没有足够的偿还能力。于是她再继续贷款，拆东墙补西墙，谁知利息越来越多，她彻底还不上了。对于这件事，紫涵不敢和爸妈说。因为逾期了，她遭到了网络贷款公司的催债和恐吓，这导致她精神恍惚，情绪越发不好起来。

爸爸妈妈发现紫涵的异常后，通过耐心询问，才得知了事情的真相。最终，爸爸妈妈向网络贷款公司支付了本金和利息后，才帮助紫涵摆平了此事。

危险早知道 ⚠

⊙瞒着家人非理性消费，容易导致负债累累。

⊙为了还款，拆东墙补西墙，欠款只会越来越多。

⊙还不清借款和利息，会让自己精神压力变大。

⊙掉入"连环贷"陷阱，债务就越滚越高。

⊙因无法还款而逃课、辍学，更严重者会走上歧途。

爸爸妈妈说

◆在网络上借钱，很容易养成乱花钱的坏习惯，更容易助长攀比和享乐心理。

◆一旦网贷还不上，就会造成个人声誉、利益损失，甚至有可能吃上官司。

◆千万别碍于人情或为了"好处费"，用自己的身份证件替别人办理贷款。一旦借贷人无力还款，剩余的债务就会由你来承担。

正确的做法 ✓

★应树立正确的消费观，量入而出，理性消费。

★应提高警惕，远离网络贷款，切忌以贷还贷。

★如果借了钱，不能瞒着爸爸妈妈，以免造成更大的损失。

安全小贴士

放贷人可能会采取短信、电话甚至上门骚扰，以及收取高额逾期费用、跟踪、殴打、非法拘禁等手段进行讨债，对借款人及家人的人身安全有重大危害。

参与调查问卷，要慎重

前一阵，在小区的广场附近，一个化妆品店在做市场问卷调查。只要填一份调查问卷，就能扫码领取礼物。这使得很多人前去参与。

芸芸和同学两人填写了个人信息后，经过手机扫码，很快领取了礼物。十多天后，芸芸和同学的手机开始接收到各种促销打折短信，让人不胜其烦。

忍无可忍之下，芸芸打电话过去质问，对方称芸芸在填写调查问卷的同时，就被设置成了高级会员，信息都是系统自动发布的。在芸芸的强烈要求下，他们才将其和同学名字移除。

危险早知道

⊙ 填写调查问卷时，会不知不觉地将个人信息泄漏，容易遭到诈骗。

⊙ 填完调查问卷，可能会遭到垃圾短信及推销电话的"狂轰滥炸"，严重影响个人生活。

爸爸妈妈说

◆ 填写调查问卷需慎重，以免给日后的个人生活带来不必要的麻烦。

◆ 参与调查问卷活动，切忌填写家庭成员等敏感信息，要有安全防范意识！

正确的做法 ✓

★切勿为了领取免费礼物，而将个人和家庭信息泄露。

★遇到垃圾短信和电话骚扰，可以将手机设置为防打扰模式，或者通过拦截软件对骚扰电话和短信进行拦截。

安全小贴士

上网时，经常会碰到各种网络调查问卷，当调查问卷的信息泄露时，要第一时间报警，以便维护自己的合法权益。

"机票改签"，很可能有诈

暑假到了，高中生李涵特别兴奋，因为他可以马上去深圳看望姑姑了。为了早日见到姑姑，他决定坐飞机出行，并提前买好了飞机票。

就在出发前，一个带有"××航空公司客服"字样的电话打了过来。"您好，先生，我们是××航空公司的客服人员，由于您即将乘坐的航班出现了故障，需要改签……"李涵一时觉得有些发懵，也没过多怀疑，就接受了"事实"。

接着，所谓的客服人员说，需要李涵提供银行卡号收取保险赔付款。李涵按照对方的要求提供了银行卡号，并按照对方的提示在手机上进行了验证，还把验证码告诉了对方。不久，手机信息显示，此银行卡被刷走8000多元。李涵这才意识到被骗了。

危险早知道

⊙接到诈骗电话，极易导致个人身份信息、银行卡账户信息泄露。

⊙被冒充航空公司客服人员诈骗，会造成无法估量的钱财损失。

⊙被骗后，会给自己的身心造成很大伤害。

爸爸妈妈说

◆接到"机票退改签"等电话，如果涉及"转钱"，很可能就是诈骗。

◆一旦对方要求你提供银行卡信息，一定要有警惕心理。

正确的做法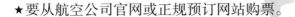

★要从航空公司官网或正规预订网站购票。

★接到航空公司的"退改签"电话，要拨打航空公司官方客服热线进行核实确认，不要盲目轻信来源不明的电话和信息。

★遇到航空机票"退改签"的短信链接，切忌打开，以免上当受骗。

安全小贴士

"机票退改签"诈骗，由于提及了姓名、航班号等信息，很容易让人相信并被骗。因此，遇到类似事情，最有效的方法是通过权威渠道验真伪。

微信出租中圈套

陈辰是一名在校学生。一天，有陌生人添加他的微信，陈辰通过添加请求后，对方自称其所在公司在做推广活动，说是要租微信号，而且报酬可观。

陈辰想着自己微信也没钱，之前也看到过类似的宣传推广活动，便一股脑地将自己的微信账号和密码告诉了对方，打算坐等收钱。几个小时后，他没等到钱，却等到了同学朋友的愤怒和质问，质问陈辰为什么在朋友圈骗钱？

原来，不法分子通过陈辰的微信，发布了领取福利的消息，导致他的多个好友被骗。

危险早知道 ⚠

⊙微信账号被盗，会被不法分子利用。

⊙微信钱财被盗走，会带来经济损失。

⊙出租微信账号，容易导致朋友被骗。

爸爸妈妈说

◆高价出租微信号，是新型的诈骗手法，害人害己！

◆将微信账号密码拱手相让，将给不法分子提供便利，使自己的账号变为他们作案的工具。

正确的做法

★应重视个人社交账号的保管。

★不租用或借用他人的微信账号。

安全小贴士

出租微信账号，存在极高的安全风险。不管在哪里看到类似情况，都别被承诺的高利所迷惑。

网上购买流量，要当心

方平酷爱手机上网，通过社交平台，他认识了代充手机流量的陌生网友。对方说可以从他那里购得 10 元 10G 的手机流量。相比网络公司的流量加油包,确实便宜了不少。

方平想，10 元也不贵，不可能是诈骗。于是，他向对方转款 10 元钱购买了 10G 流量。20 多分钟后，方平因购买的流量迟迟未到，就再次联系了对方，对方让他添加另外一个客服账号去咨询。方平立即添加此号，对方快速发来一个二维码，方平按照提示一步步操作。方平扫码后，手机竟直接被扫走了 1000 元。

危险早知道

⊙随便相信网络陌生人，容易导致个人信息泄露。

⊙为图便宜而购买流量，容易被不法分子骗取钱财。

爸爸妈妈说

◆手机充值和购买流量，可以到营业网点现场交费，或选择官方指定话费充值网站进行充值。

◆切忌相信网络上的"充值参与抽奖"的信息，这种骗局在很多地方出现过，要注意防范。

正确的做法 ✓

★充值流量，可以向爸爸妈妈请求帮助。

★网购时，不要随意扫码和付款。

★一旦被骗而造成财产损失，应及时报案。

安全小贴士

如需网上交易，最好通过第三方认证方式或可信的网上交易平台。应避免在网络上通过QQ或微信与陌生人打交道。

网络欺凌认识篇

遇到网络诬陷，不应沉默

　　宋亮与同班同学王磊因为平常琐事产生了矛盾。为了报复，宋亮在一年多时间里不断在网络上传播王磊的不实内容，甚至在朋友圈、学校贴吧等网络平台传播王磊的"恶行"。

　　面对无休止的诬陷，以及不明真相的网友的跟帖辱骂，王磊感到很痛苦，最终不堪其扰，而选择了自杀。好在家人及时发现，并没有酿成悲剧。

危险早知道

⊙网络诬陷常常给受害者造成巨大的精神压力，使人产生压抑、自卑的情绪，导致问题变得更复杂。

⊙网络诬陷还可给受害人造成严重的心理疾病，甚至导致其自杀。

爸爸妈妈说

◆如果遇到网上有人诬陷自己的情况，应及时寻求爸爸妈妈的帮助。

◆如果是严重的网络诬陷，应立即报警，以防发展成为极端事件。

正确的做法

★要理性面对网络诬陷，做到沉稳冷静。

★对谈话低俗的网友，不反驳、不回答，要选择远离。

★面对网络诬陷，不沉默、不隐忍，要勇敢地拿起法律武器保护自己。

安全小贴士

如果受到网络诬陷，应主动向家长、老师寻求帮助，对有关内容进行举报，联系传播不实内容的网络服务商删除内容。

被恶意曝光隐私，要报警

"孙梅，你怎么在网上被人'黑'了，到底怎么回事？"面对同学的疑问，孙梅也一头雾水。在同学的帮助下，孙梅找到了"黑"自己的微博。只见自己的照片下，曝光了自己的个人隐私，还配了一大段恶俗至极的文字，孙梅当场就气哭了。

孙梅曾多次私信微博博主，恳求对方放过自己。但对方态度恶劣，就是不肯删微博。这条恶意微博还被很多人转发，评论里也有不少难听的骂词。因为这次事件，孙梅的学习和生活被彻底打乱。最终，她鼓起勇气选择了报警。

危险早知道 ⚠

⊙个人隐私在网上被曝光，被多人转发和评论，会给被曝光者带来巨大心理压力，会影响到其学习和生活。

⊙在某种程度上，这种行为也会严重损害被曝光者的个人名誉和形象。

爸爸妈妈说

◆未经本人允许，擅自散布他人隐私，是一件极不道德又违法的事情。

◆对网上涉嫌侵犯个人隐私的，如没有造成太大的伤害，要责令对方道歉，并马上删除相关内容。

正确的做法 ✓

★不要在网络平台上曝光他人隐私。

★面对隐私被曝光，别选择隐忍和沉默。

★如果对方拒不纠正，应搜集相关证据，并报警处理。

在网上曝光他人的隐私属于违法行为，如果该行为造成了严重后果，可以按刑法中侵犯公民个人信息罪追究当事人的刑事责任。

照片被人合成裸照发网上，咋办

杉杉今年 15 岁，青春期的她对异性产生了兴趣。一次，杉杉通过社交网络认识了大二学生周某。其间，周某自称是摄影专业学生，两个人聊得很投机。在聊天中，杉杉将自己的住址和学校告诉了对方，还将自己的照片给了对方。

过了一段时间，周某向杉杉提出了见面要求，但是被杉杉拒绝。周某很生气，就将之前杉杉的照片合成了裸照，并发到杉杉所在学校的贴吧里，一时间在校园里引起轩然大波。面对同学们的嘲笑和鄙夷，杉杉甚至产生了轻生的念头。

危险早知道

⊙ 自己的照片被合成裸照发到网上传播，会造成不良社会影响。

⊙ 自己的照片被合成裸照发到网上传播，容易受到坏人的骚扰、网络攻击和敲诈。

爸爸妈妈说

◆ 自己的照片被别人合成裸照，这属于侵权行为，是违法的。

◆ 别轻易把自己的照片放网上，以防被不法分子利用。

正确的做法 ✓

★切勿轻易把个人资料透露给陌生人。

★发现自己的照片被合成裸照，要及时告诉爸爸妈妈，并报警。

把自己的照片放到网上，就会存在安全隐患。想保证自己的照片不被流传出去，可以通过设置密码等措施进行防范。

网络语言暴力，伤害大

美勤是一名初三学生，在班级与一名同学产生了矛盾。自此，那名同学总是在网络平台上攻击谩骂美勤，内向的美勤刚开始不予理会，本想忍忍算了。哪承想，一些同学逐渐听信了恶言恶语，开始嘲笑和冷落美勤。

逐渐地，美勤的不幸身世，也被这个同学曝光了，这也导致美勤的心理彻底崩溃。回想起这么多天遭受的攻击、委屈和压抑，美勤越来越想不开。有一天，美勤趁大家不注意，从教学楼三楼跳了下去。

因伤情严重，美勤躺进了重症监护室，呼吸和血压都要靠设备和药物来维持。

危险早知道 ⚠

⊙在网络上攻击谩骂，很容易造成更深的矛盾。

⊙频繁使用语言暴力，有可能造成严重的后果。

爸爸妈妈说

◆用侮辱、谩骂、恶毒的语言骂人，是情商不高的表现，也是一种违法行为。

◆语言暴力就是一种精神伤害，要杜绝此类行为。

◆用语言暴力开玩笑，也可能会伤害到别人。

正确的做法 ✓

★网络用语要文明健康，不因生气而口无遮拦。

★对待与别人的矛盾，要冷静处理，别因为冲动而升级矛盾。

安全小贴士

网络上的语言暴力很可怕！近几年，因语言暴力导致的悲剧层出不穷，必须引起重视，严禁使用语言暴力进行人身攻击。

遇网络陌生人恐吓，别怕

周末，12 岁的米兰正在玩妈妈的手机。她突然收到昵称为"知心姐姐"的交友申请，称只要米兰添加其为好友并点赞，就能获得 5000 元红包奖励。涉世未深的米兰马上答应了。在"知心姐姐"的诱导下，米兰按照对方的要求做了，并很快收到一个 5000 元的红包发放截图，但米兰一直没收到"红包"。

不久，"知心姐姐"开始恐吓米兰："我给你转的钱被冻结了，你拿父母的手机扫一下，就能解冻，否则我就报警。"

米兰很害怕，偷偷拿妈妈的手机，扫描了对方提供的二维码，并操作了多次。由于害怕，她一直没有告诉妈妈……

危险早知道

⊙抵制不住陌生人的诱惑和恐吓，容易落入圈套。

⊙坏人骗取你的信任后，往往会实施预想不到的违法犯罪活动。

爸爸妈妈说

◆网络是虚拟的，网上交友要保持清醒头脑，避免上当受骗。

◆对网上陌生人的恐吓，要保持镇定，切勿轻易相信和屈服。

正确的做法 ✓

★应<u>避免添加陌生人为好友</u>，要有警惕心理。

★对网络陌生人的要求，坚决不相信、不照做。

★遇到问题，要及时告诉爸爸妈妈，切忌隐瞒。

安全小贴士

上网的时候，要提高对陌生人的防范意识，尤其是一旦涉及金钱往来，一定要向父母报备，不然容易酿成大错。

网友约见，可能图财

　　16岁的女生小妍生长在一个富裕的家庭，性格外向的她喜欢交友。小妍在网上认识张某后，感觉很聊得来。在聊天中，小妍将自己的家事都告诉了张某，这让张某有了绑架勒索的想法。

　　一天，两人正式在现实中见面。在一处偏僻的地方，张某将小妍绑架，不仅拿走了她的手机、钱包等物品，还给小妍家人打电话勒索50万元巨款。小妍家人吓坏了，但最终还是选择了报案。在公安机关的严密部署下，最终抓住了犯罪嫌疑人张某，并顺利解救了小妍。

危险早知道 ⚠

⊙瞒着家人，独自见网友，很容易进入坏人的骗局。

⊙没有警觉心，被网友的花言巧语蒙蔽了，很危险。

爸爸妈妈说

◆近年来，因为见网友而出现的伤害、抢劫、性侵案时有发生，必须高度重视和警惕！

◆单独在家时，应拒绝网上认识的朋友来访，以防止意外发生。

正确的做法 ✓

★应提高自我防护意识，不单独约见网友。

★坚决抵制网友的非分要求。

★若真的需要和网友见面，须在亲友的陪同下进行。

安全小贴士

未成年人不应轻易和网友见面。如果非要见面的话，一定要告诉爸爸妈妈，见面最好在公共场所，并且要有父母或好朋友陪同。

网恋有风险，奔现要三思

15 岁的女孩叶欣，在聊天时认识了网名为"我是大灰狼"的齐某，认识一段时间后，俩人竟谈起了恋爱。后来，齐某提出想和叶欣见面。刚开始，叶欣感觉有些为难，在齐某的花言巧语下，叶欣最终同意了见面。

一个周末，叶欣骗父母说去同学家，却私下和齐某见面。二人吃过午饭后，齐某便带着叶欣去了住处。到了住处，齐某提出过分要求，却遭到了叶欣拒绝。齐某仍强行与叶欣发生了关系。叶欣逃脱后，和家人一起报了警，齐某最终被警方抓获。

危险早知道

⊙痴迷于网恋，会严重影响学习和生活。

⊙见面后，受到欺骗，易导致心理遭受打击。

⊙网恋存在太多的虚假与欺骗，可能会遭遇拐骗、性侵等违法事情。

爸爸妈妈说

◆网络上的骗子特别多，如果对方在聊天中都是甜言蜜语，那你就要小心了，这个人十有八九是要骗你的。

◆与陌生网友随意见面，可能会给自己的身心带来巨大的影响和伤害。

正确的做法 ✅

★应树立正确的爱情观，别轻易相信网恋。

★应时刻保持清醒，不被甜言蜜语冲昏头脑。

作为成长中的学生，切忌因为喜欢和好感就和网友网恋，这是对自己人身安全的不负责任，很容易受到伤害。

网络游戏安全篇

 WANGLUO YOUXI ANQUAN PIAN

痴迷网游危害多

斌斌是一名中学生，半年前迷恋上了游戏。每天放学，斌斌都会跑到网吧打游戏，很晚才回家。为了打游戏，他偶尔还会逃课。对于深陷网络游戏而又叛逆的斌斌，父母也是很头疼。

一天，斌斌在网吧玩游戏时，忽然出现身体不适，很快就猝死过去。据一名网友说，他看见斌斌玩游戏时，忽然捂住胸口，接着就倒在了椅子上，两手不停地抖动，口喘粗气。他立刻叫网吧老板过来，斌斌立即被送往医院。医生检查后，宣布斌斌死亡。

危险早知道

⊙沉迷网络游戏，容易变得自闭、不喜交际。

⊙沉迷游戏，会产生越来越强烈的心理依赖。

⊙玩网络游戏时间过长，可能会造成下身忽然瘫痪、不能动弹，严重的还可能出现休克和死亡。

爸爸妈妈说

◆玩游戏要适度，如果沉迷其中，就会对身心健康造成伤害。

◆长时间玩网络游戏，对眼睛伤害很大，容易导致视力下降，变成近视眼。

正确的做法 ⊘

★ 应保持理性，适度游戏才益脑。

★ 制定玩游戏准则，自觉遵守。

★ 如果玩游戏上瘾，要积极采取措施戒掉。

安全小贴士

玩游戏一旦上瘾，可能沾染上坏习气，诱发寻衅滋事、勒索财物等违纪违法行为，这很危险。切忌放任自己一直玩下去！

个别游戏软件，可能很惊悚

八岁的雨航上完网课，就打开了电脑里的一个游戏网页。很快，跳出来一个安装窗口。因为有些好奇，雨航就点击了下载，并很快选择了安装。

当点开游戏界面时，伴着一声号叫和震耳的音乐，蹦出来一个呲牙咧嘴、满脸是血的恐怖的魔鬼形象。毫无防备的雨航，被这突然而至的画面吓坏了。他吓得一哆嗦，几乎是从椅子上跳了下来，随后哇哇哭了起来。当妈妈进屋时，雨航哭着扑到了妈妈怀里，一副惊吓后神不守舍的样子。

危险早知道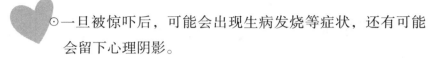

⊙有些游戏软件血腥恐怖，很容易吓到低年龄段的孩子。

⊙一旦被惊吓后，可能会出现生病发烧等症状，还有可能会留下心理阴影。

爸爸妈妈说

◆应避免去打开一些弹出来的游戏软件，其很可能是一些不正规的流氓软件，容易让电脑感染病毒。

◆作为青少年，要远离大型游戏，可以玩一些益智类的小游戏。

正确的做法 ✓

★不明的游戏软件，最好别打开，要保证电脑安全。

★给电脑安装软件，前提是要确保软件的正规，要和爸爸妈妈商量能否安装。

安全小贴士

遇到一些弹出来的安装软件，最好别因为好奇而下载安装，否则很容易给电脑带来病毒或者致其瘫痪，也可能给自身带来伤害。

为游戏充值留隐患

　　李天本是一个性格开朗、成绩较好的学生，可自从玩网络游戏后，就被这玩意儿迷住了。他上学时带小游戏机打，在家时用电脑打。黑方块、跳棋子总是在脑子里晃来晃去，赶也赶不走。后来，为了玩游戏，他住在了网吧，还总向同学借钱买卡。

　　有一天，刚玩完游戏，一同上网的网友向他发出邀请——一起去弄钱，李天答应了。几天后，李天和他的这个"朋友"因合伙抢劫被抓到了派出所。

危险早知道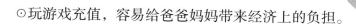

⊙玩游戏充值，容易给爸爸妈妈带来经济上的负担。

⊙为了能够上网玩游戏，可能铤而走险，走上违法犯罪的道路。

爸爸妈妈说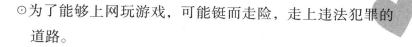

◆小小年纪就开始四处借钱，一旦养成习惯，就成大问题了！

◆如果过度沉迷游戏，会严重影响学业。

◆游戏充值都是虚拟物品，网络购买存在极大隐患。

正确的做法 ✓

★应树立正确的游戏消费观念，养成好的行为习惯。

★应及时向爸爸妈妈坦白和求助，以防越陷越深。

安全小贴士

青少年玩游戏，切忌轻易充值，否则可能导致自己越陷越深，不仅容易造成经济损失，还可能为了游戏铤而走险。

小心借游戏之名欺诈

15岁的大海，很喜欢一款大型游戏。一天，他在看游戏直播时，留言称自己很羡慕主播的游戏水平，想用主播的游戏账号过过瘾。这引起了其他人的注意。

很快，一个热情的陌生人联系了大海，他们互相加了联系方式。骗子称自己就是主播，可以满足大海的要求，但要支付500元。此时的大海一时兴奋过度，便偷拿妈妈的钱给对方汇了500元过去。对方继续抛出新的诱饵，说从试玩变成永久拥有帐号，需要再支付3000元。于是，大海再次中招，又汇了3000元钱给对方。不久，再联系对方时，对方已经关机。

危险早知道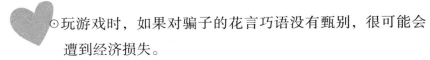

⊙网游骗子诈骗手段很多，稍不注意就会中招！

⊙玩游戏时，如果对骗子的花言巧语没有甄别，很可能会遭到经济损失。

爸爸妈妈说

◆在网络游戏里，如果有人无缘无故和你套近乎，可要多个心眼了！

◆要提高安全防范意识，不轻信游戏中发来的诱惑信息，以免给犯罪分子可乘之机。

正确的做法 ✓

★要保持清醒，谨慎识辨对方的身份和意图。

★应提高警惕，切勿给对方汇款。

★如果发现被骗，可到网络违法犯罪举报网站举报诈骗行为，或者拨打 110 报警电话。

安全小贴士

游戏骗局非常多，但只要不贪小便宜，受骗几率就会大大降低。切勿因为一时的贪念，给自己带来不必要的损失。

模仿游戏，可能闯大祸

航航和妹妹都喜欢游戏，而且到了痴迷的地步。一天，在玩耍的时候，航航想到了游戏里面的情节。他对妹妹说："游戏里的人跳伞落地也不会受伤，而且从高处坠下后，死了还会复活。"于是，兄妹俩想试一试。他们从二楼走到屋檐上，然后准备往下跳。

刚开始，妹妹不敢跳。航航对妹妹说："你闭上眼，我牵着你的手跳。"说完，两个孩子跳了下去。醒来后，两个人都在医院了。航航全身多处骨折，出现了脑血肿等情况。妹妹被确诊为双侧股骨骨折，脑挫裂伤。万幸的是，航航和妹妹最后都脱离了危险。

危险早知道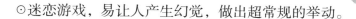

⊙迷恋游戏，易让人产生幻觉，做出超常规的举动。

⊙模仿游戏中的危险情节，可能致人伤残，甚至闹出人命。

爸爸妈妈说

◆游戏中的一些动作，虽然很炫，但在现实中却是很危险的。

◆如果有小伙伴模仿游戏中的危险动作，一定要及时劝阻，以避免发生意外。

正确的做法

★应明白生命的可贵，时刻增强安全意识。

★应正确认识游戏跟现实的区别，切勿模仿。

生命只有一次，切忌因沉迷于虚拟世界，而模仿游戏中的危险动作。我们要更好地保护自己，避免悲剧的发生。

警惕线下组队玩游戏

中学生小蕊平时酷爱玩网络游戏，在游戏中，她认识了"战友"何某。在游戏中，两人配合很默契，开始逐渐熟悉起来，并互相加为微信好友。

由于聊天不过瘾，小蕊便和何某等几名游戏好友相约见面组队打游戏。游戏结束后，几个人在一家饭店吃饭喝酒，几杯白酒下肚后，小蕊开始意识不清。见此情景，几名网友送小蕊回酒店房间休息，何某自告奋勇留下来照顾。第二天清晨，小蕊醒来后，发现自己被何某性侵了。何某还威胁小蕊称，如果敢报警，就把小蕊的不雅视频上传到网络上。

危险早知道 ⚠

⊙会见网友，可能会被骗吃骗喝，花很多钱。

⊙不懂得拒绝网友，很容易落入不法分子的圈套。

爸爸妈妈说

◆千万别太天真，觉得了解对方，虚拟世界中的坏人还真不少！

◆警醒！以玩游戏为名约线下见面，多数都不可靠。

正确的做法 ✓

★学生时代，要以学习为主，不应沉迷网络游戏。

★要有自我安全意识，不轻易和游戏网友见面。

★如果不同意见面，要懂得拒绝，切忌总是心太软。

安全小贴士

玩个游戏而已，没必要非得线下组队。出于安全考虑，还是别去冒险，不妨找一些理由拒绝，以防不测。

养电子宠物易上瘾

东东过生日的时候，得到了一个"拓麻歌子"。"拓麻歌子"是一种蛋圆形的电子产品，它可以虚拟人的一生：从婴儿、幼儿、青年到成人；会吃饭、睡觉、玩游戏，甚至还不时要排泄；生病要吃药；到了成年以后还要交朋友、结婚、生子，直至死亡。

自从有了"拓麻歌子"，东东每天要照顾它吃饭、睡觉、游戏，还要通过虚拟的工作，赚钱买各种生活必需品，帮助它找朋友，结婚生子。久而久之，东东越发上瘾，每天醒来就要看宠物，放学回来想的还是他的"宝贝"，写作业时也会拿出来玩会儿，这使他的生活和学习受到了很大影响。

危险早知道

⊙与电子宠物形影不离，容易出现情感依赖。

⊙太过沉溺于养电子宠物，会严重影响学习。

爸爸妈妈说

◆沉溺于养电子宠物，就跟痴迷于网络游戏一样，会有危害！

◆从培养爱心与责任心的角度看，不妨尝试一下，饲养真实的宠物。

正确的做法 ✓

★养电子宠物要有度，以不影响学习为前提。

★发现对电子宠物有依赖，可通过其他有益的活动转移注意力、不断纠正自己。

安全小贴士

电子宠物可以养，但如果沉迷其中，就不可取了。毕竟电子宠物是虚拟玩伴，虚拟的情感是不真实的。

网络安全应对篇

WANGLUO ANQUAN YINGDUI PIAN

使用公共 WiFi，要谨慎

学生小艾在商场购物时，连接上了一个 WiFi。一看有免费的 WiFi 可用，小艾很是高兴。但是令她没想到的是，连接上不久，她的手机就被莫名地盗刷了 2000 元钱。交易记录查询显示，一共刷了三个 500 元、一个 300 元和一个 200 元。面对突如其来的损失，小艾顿时有些懵了。她没购买任何东西，也没收到验证码，银行卡里的钱就没了。小艾去找商场方询问，商场工作人员说这个 WiFi 根本就不是商场的网络，这让小艾彻底慌乱了。

异常焦急的小艾，为了弄清钱的去向，

很快拨打了银行客服的电话，客服人员告知她是购买了某款游戏装备。小艾说自己平时用手机支付，都是需要验证的，为什么这次就直接刷走了钱呢？对此，银行客服也说不清楚，于是小艾只能选择了报警。

经历过这次事件，小艾很后悔自己因为没有网络安全意识，而造成了意外的损失。

危险早知道 ⚠

⊙自动连上陌生的 WiFi，容易导致隐私信息暴露。

⊙连接陌生的 WiFi，手机可能会被安装不必要的应用软件，而这些软件很可能有潜藏风险。

⊙蹭上恶意的 WiFi 后，手机、电脑容易被锁，或者导致钱财损失。

爸爸妈妈说

◆进入公共区域，应尽量关闭 WiFi，以避免在自己在不知情的情况下连接上恶意 WiFi。

◆不需要验证码或密码的公共 WiFi 风险高，有可能是钓鱼陷阱，最好不使用。

◆在公共场合选择 WiFi 热点时，可能会遇到非常相近、容易迷惑人的 WiFi 名称，这时一定要看清楚热点名称，不要随意选择连接。

◆在餐厅、商场等公共场所使用免费 WiFi 时，最好别进行转账和网购等操作，以避免被不法分子盗取转账。

正确的做法 ✓

★应提高安全防范意识，慎用公共场所的免费网络。

★不要见到免费 WiFi 就连接使用，要使用可靠的 WiFi 接入点，养成良好的 WiFi 操作使用习惯。

★在公共场所使用 WiFi 前，要询问工作人员是否为其公共网络。

★如果感到接入的网络有问题，应立即停止使用。

★如果遭受损失，应及时报警求助。

安全小贴士

在公共场合使用免费 WiFi 时，手机突然弹出了网络广告，或者不正常的页面，千万别点击，应立即关闭 WiFi。

直播打赏须谨慎

11 岁的龙龙爱玩网络游戏，偶尔也会观看游戏主播的直播。一天，龙龙用爸爸的手机看直播时，看到不断有人刷礼物，他也开始给主播送礼物,却不知送出的礼物就是钱。当天，龙龙先后多次刷礼物，累计打赏主播 9000 多元，达到了打赏的最高限额。

龙龙在打赏时，一个陌生人注意到了他的账号，判断使用者可能是小孩，便动起了歪心思。陌生人通过直播软件联系到了龙龙,谎称自己是网络游戏管理员，可以帮龙龙解除打赏限制。龙龙一听，特别高兴，就相信了陌生人的话。随后，陌生人将收款码发给龙龙，并通过视频教龙龙如何刷码和操作。毫无心理防备的龙龙，一一照做，最终被陌生人骗走3万多元。

当爸爸发现手机钱财被刷走后，很是恼火和着急，赶紧选择了报警处理。

危险早知道 ⚠

⊙沉迷在网络直播里，会严重影响学习和身心健康。

⊙青少年易被个别主播诱导，盲目打赏，给家庭带来经济损失。

⊙未成年人打赏，也容易引发未成年人家长与主播之间的经济矛盾。

⊙大额打赏后，容易引起不法分子的注意，导致被欺骗。

⊙未经大人同意而打赏，容易遭到大人的训斥批评，造成心理上的问题。

爸爸妈妈说

◆对于主播发起的各类活动，应谨慎参与，特别是遇到要求扫码支付的，基本可以判定是骗局。

◆对于直播中观众发布的购物广告，应避免轻易相信，网购还需通过正规网购平台。

◆直播打赏须慎重，遭遇骗局时，要寻求法律帮助来挽回损失！

正确的做法

★ 未成年人不要参加直播间里的任何活动。

★ 切忌相信网络陌生人的话，避免做陌生人要求的刷码等
　 行为。

★ 一旦发现被骗，应第一时间和直播平台取得联系，进行
　 举报，或者报警。

随着网络直播的流行，不少骗子已经潜伏进这一行业，让直播变成"直骗"，一定要提高警惕。

网上辅导班，可能不靠谱

妈妈特别重视洛洛的学习，并给他报了很多兴趣班。见网上有一个英语口语培训课，而且是纯外教授课，还可以免费试听，她就有点儿动心了，就想让孩子试听一节课。

在试听课上，外教的教授方法很好，经常与孩子进行互动，让英语口语学习既容易又有趣。听完后，洛洛特别高兴，表现出浓厚兴趣，嚷嚷着让妈妈给他报名。看到孩子愿意学，妈妈没多想，就准备购买半年的课程。但是客服说，买半年不如买一年的划算，还给洛洛妈妈各种许诺。思考再三，洛洛妈妈最终下定决心买了一整年的课程，总共花费了1万元钱。

　　在上了几节课后，突然有一天，孩子说不能上课了。原来上课的网站，怎么也打不开了，洛洛妈妈拨打客服人员电话，已经无法打通。洛洛妈妈马上意识到被骗了，最终选择了报案。

危险早知道 ⚠

⊙网络辅导班，存在个别欺骗行为，如迟迟不开课、不按当初许诺的条件授课等。

⊙个别网络辅导班，在收完钱后就莫名消失，给学生的家庭造成经济损失。

爸爸妈妈说

◆一些网上培训机构，广告宣传得很好，一旦交钱后，就不再兑现最初的授课承诺了。

◆一些具有欺诈性的网络培训机构，往往给家长"画大饼"，遇到这样的情况，就要警惕了。

◆要想进行网络课程学习，一定要选择大品牌、口碑好的培训机构。

正确的做法 ⊘

★ 报网络辅导班前，要问清情况，查阅其相关资料，确认
  其是否合法正规。

★ 在线上课期间，要监督其是否兑现了最初的承诺条件，
  以保障孩子的学习效果。

★ 发现受骗后，应第一时间拨打 110，准确提供相关信息，
  配合警方、银行采取应对措施，以尽可能减少损失。

安全小贴士

对于网络辅导班，要选择品牌影响力大、口碑好的机构，最好能做到货比三家，详细了解，才能防止上当受骗。

网购可能遇骗局

　　学生小解在某购物网站购买了一个手机，提交订单后不久，一个陌生的电话打给了她。对方自称是购物网站的客服人员，因为系统维护的原因，小解购买的商品无法正常交易，需要小解要么重新下单，要么进行退款。小解听信了"客服人员"的话，并决定进行退款。

　　因为小解不太懂退款程序，对方就通过聊天软件给她发送了一个链接，并要求小解按照步骤操作。当小解输入银行卡账号和密码后，手机发来一条短信，卡里的 5000 多元学费已经被刷走了。惊慌失措的小解，只能选择报警。

危险早知道 ⚠

⊙轻信"客服援助"，就会被骗子抓到机会，容易导致银行卡余额被洗劫一空，造成巨大的经济损失。

爸爸妈妈说

◆在网络购物时，除了察看商家的信誉情况外，一定要通过正规购物平台操作。

◆说网购的商品有质量问题或者包裹丢失，要为你退款理赔的，要警惕是诈骗！

正确的做法

★网络购物请选择正规平台，切勿私下转账。

★要保留被骗证据，以便在网络违法犯罪举报网站进行举报。

★遇上欺诈或其他利益受侵犯的事情，要及时报警处理。

安全小贴士

应提高防骗意识，谨慎打开对方提供的退款链接、激活链接，可在网站官网核实客服电话进行详询。

盲目模仿视频，容易惹灾祸

"我们也做爆米花吧，太简单了！"嘉嘉自信地说。看到一位网红博主用易拉罐自制爆米花的视频，嘉嘉和慧慧决定也按照这样的方法，自制爆米花。

她俩首先找到制作爆米花的用具，然后准备玉米粒及酒精等。万事俱备，他俩便开始了具体的操作。他们将酒精点燃后，发现玉米没有啥变化。难道是火不够大？嘉嘉一边想着，一边向易拉罐中倒酒精。只听嘭的一声，发生了爆炸。两个孩子因爆炸而被烧伤，被家人紧急送往了医院。

危险早知道 ⚠

⊙模仿视频里的危险动作，一旦操作失误，可能带来难以弥补的人身伤害。

⊙受惊吓后，容易留下心理阴影，导致长期的心理障碍。

爸爸妈妈说

◆网络视频中一旦出现"危险动作，请勿模仿"等提示语，小朋友就一定要慎重了。

◆对于那些展示绝活的网红视频，应避免一味地去模仿，要知道练习这些绝活的背后，多数是有风险存在的。

正确的做法 ✓

★要时刻增强安全意识，不要模仿危险动作。

★切勿模仿不文明举动，更要避免以此伤害他人。

安全小贴士

　　青少年切勿模仿有危险性的网红视频，稍有不注意，就很容易出现意外，造成不可逆转的伤害。

当心陌生电子邮件

　　李凯是一名在校大学生，并加入了学校里的同乡社团。一天，他的 QQ 邮箱收到了一封同乡会的邀请函。李凯很好奇，就顺手点开了邮件，但屏幕上却弹出了邮箱登录的页面。李凯没多想，就接着进行了操作。殊不知，看似简单的操作，却给他带来了大麻烦。

　　当天，李凯的微信忽然炸了锅，不少朋友通过微信询问其 QQ 号是否被盗。李凯当时一头雾水，觉得不可能被盗取，但是众多朋友同时质问，让他也有些慌神儿。经过最终梳理确认，他终于明白其中的原因了。原来诈骗分子盗取了他的 QQ 邮箱账号和密码，并进一步盗取了 QQ。诈骗分子冒用他的身份对他的很多朋友进行了诈骗。对方称想转 1000 元给朋友，但由于微信无法绑定银行卡，想让李凯的朋友帮忙微信转账，而自己通过银行转账将 1000 元还给他。出于信任，李凯的很多朋友都因此被骗了，可谓损失惨重。

危险早知道 ⚠

⊙打开陌生邮件，容易出现电脑黑屏和信息被盗。

⊙邮箱被盗，很可能被诈骗分子利用，导致亲朋被骗。

爸爸妈妈说

◆安全风险往往来自非正常邮件，所以不要打开垃圾邮件。

◆切勿被陌生邮件的表面现象所迷惑，里面有可能存在病毒。

◆收到不明来历的邮件，应立即删除。

正确的做法 ✓

★要养成好的上网习惯，做好邮箱的安全保护工作。

★要安装实时病毒监测的网络防火墙，提高邮件系统安全。

★回复邮件时，如果回复的地址与发信人不同，要谨慎对待。

★对于要求提供任何关于隐私（邮箱账号、密码和银行账号等）的邮件，切勿相信。

安全小贴士

陌生邮件可以直接删除。应避免打开陌生邮件的附件，不管其有多大吸引力，因为一旦下载了其中的附件，就有感染病毒的风险。

谨慎参与网络直播

学生路瑶特别喜欢看直播，因为从事这个行业赚钱快，她也想做个网红主播。但是对于如何去做、到底做哪方面的，她犯起难来。思来想去，她决定找专业人士给自己培训一番。

很快，路瑶找到了一个直播培训的账号，并添加了对方。在沟通中，对方把直播培训说得天花乱坠，让路瑶彻底放下了戒备心。"客服经理"先让路瑶转账500元申请某直播平台的会员资格，随后让她转账1000元作为培训费。交费后，路瑶再联系对方，却发现已被对方拉黑，这才意识到遭骗了。

危险早知道 ⚠

⊙沉迷网络直播，容易产生厌学心理。

⊙沉迷网络直播，容易面临被骗钱财的风险，或者更多其他风险。

爸爸妈妈说

◆目前网络直播很火，青少年并非不能参与，但切忌瞒着爸爸妈妈。

◆寻直播培训，要警惕，以防不法分子假借直播培训实施犯罪。

正确的做法 ✓

★应正确认识网络直播，不盲目参与。

★对于网络直播，要理性看待，不急于求成。

安全小贴士

对于网络直播，要参与有度，不表达和传播不文明内容，同时保护好个人隐私，这样才是一个成熟的网络参与者。

朋友圈晒照，容易被侵权

雨涵是个非常漂亮的女孩，也是同学们公认的校花。天生丽质的她，喜欢打扮自己，也喜欢自拍，经常在朋友圈发些自拍照片。

一天，雨涵和同学去逛商场。忽然，同学停下了脚步，指着墙体宣传海报，有些惊讶地说："雨涵，你快看，这个不是你吗？"雨涵顺着同学手指的方向看去，顿时感觉有些发懵。只见一处商业宣传海报上，放着自己的照片。她平时只在朋友圈发过的照片，怎么会被拿去做商业宣传了呢？

雨涵通过海报上的电话，联系到了商家。这个商家原来是一个大型美容机构，当初在制作海报时，无意间在网络上看到了雨涵的照片，在没有征得雨涵同意的情况下，就随意放入了海报并进行商业宣传。雨涵听后，很是生气，最终以美容机构侵犯个人肖像权等为由向法院提起了诉讼。该美容机构也被法院判定侵犯个人肖像权，并对雨涵进行了经济赔偿。

危险早知道

⊙在朋友圈晒个人信息，容易给不法分子提供便利。

⊙一些个人照片，可能被无良商家用来进行商业宣传，这
严重侵害了个人肖像权。

⊙被不法分子获取照片，可能会危害自己的人身安全。

爸爸妈妈说

◆在朋友圈分享生活本无错，但要保护好个人隐私，避免
给自己带来麻烦。

◆发有关家人的朋友圈时，应避免附上家人真实姓名等个
人信息，否则一旦被人利用，后果不堪设想。

◆据相关人士透露，朋友圈已经成为敏感信息泄露的"重
灾区"。所以，在晒朋友圈时，一定要慎重，绝不发敏
感信息。

正确的做法 ✓

★发布个人信息，要注意个人隐私安全。

★应尽可能避免在网络上发布自己的照片。

★遇到个人信息泄露，或者肖像权被侵犯，要寻求法律援助。

安全小贴士

最好不在朋友圈晒票证照片，现在的票证上大多都有二维码和个人信息，这样做很容易将自己的信息泄露出去。

孩子安全无小事：爸爸妈妈一定要告诉孩子的安全知识

网络安全